本书受国家自然科学基金项目“聚落景观基因重构、空间剥夺及其对生态移民返迁行为的作用机理研究——以三江源地区为例”（42061033）和2022年度青海省哲学社会科学重点项目“青海省科学有序推进碳达峰碳中和研究”（22ZD001）资助。

三江源国家公园
人地共生协调机制研究

胡西武◎著

中国社会科学出版社

图书在版编目（CIP）数据

三江源国家公园人地共生协调机制研究/胡西武著．
—北京：中国社会科学出版社，2023.3
ISBN 978-7-5227-1949-8

Ⅰ.①三…　Ⅱ.①胡…　Ⅲ.①国家公园—研究—青海
Ⅳ.①S759.992.44

中国国家版本馆 CIP 数据核字(2023)第 096197 号

出 版 人　赵剑英
责任编辑　李斯佳　刘晓红
责任校对　周晓东
责任印制　戴　宽

出　　版　中国社会科学出版社
社　　址　北京鼓楼西大街甲 158 号
邮　　编　100720
网　　址　http://www.csspw.cn
发 行 部　010-84083685
门 市 部　010-84029450
经　　销　新华书店及其他书店

印　　刷　北京君升印刷有限公司
装　　订　廊坊市广阳区广增装订厂
版　　次　2023 年 3 月第 1 版
印　　次　2023 年 3 月第 1 次印刷

开　　本　710×1000　1/16
印　　张　15.5
插　　页　2
字　　数　249 千字
定　　价　86.00 元

凡购买中国社会科学出版社图书，如有质量问题请与本社营销中心联系调换
电话：010-84083683

序

国家公园是自然保护地体系中的一个重要类型。它保护的是生态原真性、物种珍稀性、景观独特性，是生态功能综合性最强的区域。国家把自然生态最完整、自然景观最独特、自然遗产最精华、生物多样性最富集的区域划为国家公园，并主导它的管理，是为了使这些国内最具代表性乃至不可替代性的生态系统、野生动植物和生物多样性得到更长效的保护，使子孙后代得到更齐全的自然遗产。

完善以国家公园为主体的自然保护地体系，是中国社会经济发展迈进新阶段的必然行动，是满足新时代人民日益增长的优美生态环境与优质生态产品需求的具体措施，也是我国生态文明建设的具体内容。自然保护和经济利用，私有品生产和公共品生产，代内公平和代际公平，既有相互冲突、两败俱伤的一面，也有相互促进、互补共赢的一面。相互冲突现象的消除，互补共赢范围和行动的拓展，人与自然和谐共生目标的实现，既决定于社会经济发展阶段的升级，也决定于社会经济发展策略的改进。策略改进的核心是构建人地共生协调机制，优化土地规划，协调人地关系，特别是生态保护与经济增长关系。这个理念已经得到世界各国的普遍认同。

青海省最重要的资源是生态资源，最显著的优势是生态优势。打造全国乃至国际生态文明高地，培育包括世界级盐湖产业基地、国家清洁能源产业高地、绿色有机农畜产品输出地和国际生态旅游目的地的生态经济体系，是新时代赋予青海省的重大使命。青海省最独特的生态地位是“三江之源”，三江源国家公园建设，是青海省打造青藏高原生态文明高地和生态经济体系的重要任务，是青海省绿色发展和经济社会发展的重要载体，也是展示青海省发展成就的重要窗口和平台，事关青海省经济社会发展大局。

三江源国家公园位于青藏高原的腹地、青海省南部，包括长江源、黄河源、澜沧江源3个园区，区划面积由最初的12.31万平方千米增加到现在的19.07万平方千米，是全国首批、排在首位、面积最大的国家公园。在五年的试点期里，三江源国家公园以生态管护员“一户一岗”全覆盖为切入点，使公园内的广大牧民由自然资源利用者转变为生态资产守护者；并在探索生态保护和民生改善共赢的实践中，形成了国家公园建设的九大理念、十五个体系以及“九个一”的三江源模式。这些经验值得总结和复制。

胡西武教授从调查三江源国家公园人地关系现状入手，以生态保护和牧民增收互促共赢为目标，依靠翔实的数据和科学的方法，识别三江源国家公园人地关系空间冲突的影响因素和内外部作用机理，探讨提高生态保护和牧民增收耦合协调度、优化人地复合生态系统的方案、途径和策略。具体地说，胡西武教授借助于构建的三江源国家公园生态保护与牧民增收耦合指标体系，在测算耦合度和耦合协调度的基础上，得出耦合度较好但耦合协调度较差的结论；借助于构建的回归模型，分析了政府生态治理能力、资源依赖程度和人均可支配收入对耦合度的影响力，为化解三江源国家公园生态保护与牧民增收空间冲突提供了基本路径；借助于三江源国家公园管理局、属地县政府和当地牧民三个利益主体的演化博弈模型，量化分析博弈策略，廓清了稳定各利益主体行为的基本条件；按照设置的自然演化、经济优先和生态优先三种发展情景，利用多目标规划的方法，得到了优化三江源国家公园土地利用结构和空间布局的基本方案；在此基础上构建了三江源国家公园人地共生协调机制，并为三江源国家公园高质量建设和可持续发展提出了可操作性较强的对策建议；针对研究存在的不足，提出了今后的研究目标和任务。

胡西武教授以经济学、管理学、地理学相结合的方法，研究三江源国家公园人地关系空间冲突及协调机制，为国家公园管理、生态保护、共同富裕研究提供了新视角。构建的三江源国家公园人地关系评价指标体系、土地利用和空间格局优化方案，以及稳定各个利益主体行为的策略，具有创新性。

胡西武教授具有丰富的政府部门管理经验，长期关注青藏高原的生态保护与农牧民增收问题，对现实问题有敏锐的观察力和思考力，善于运用科学的研究方法对事物内部规律作深层次探讨，展现出厚实的理论功底和扎实的研究能力。

本书资料数据翔实，论证体系严密，研究结论可靠，对策建议可行，对青海省建设国家公园示范省和打造青藏高原生态文明高地具有较高的参考价值，为丰富高原生态经济、藏区民族经济和空间冲突理论作出了积极贡献。三江源国家公园建设还有许多工作要做，任重道远，希望胡西武教授在这一领域继续耕耘，争取有更优和更多的成果问世。

承蒙胡西武教授的信任，我有幸成为这本书稿的第一读者。我在阅读过程中梳理了书稿的主要内容和学术贡献，基于对胡西武教授的了解对他的能力做了一点评论，也写下了阅读过程中引发的思考，是为序。

李周

2022 年 9 月 12 日

前　　言

党的十九届六中全会指出，生态文明建设是关乎中华民族永续发展的根本大计。2021 年 12 月，中央农村工作会议指出，要守住不发生规模性返贫的底线。党的二十大也明确要求“推动绿色发展，促进人与自然和谐共生”。国家公园担负着建设自然地保护体系和当地牧民增收的双重任务，是国家生态文明建设和巩固脱贫攻坚成果重大战略落地实施的特殊区域。

我国自 2015 年起全面开展国家公园体制试点以来，重点在整体规划、利益协调、建设模式、社区参与及惠益共享等方面进行积极探索，取得了阶段性成果。与此同时，我国也从整体上实现了现有贫困标准下的绝对贫困人口“全部清零”的目标。但国家公园内生态保护与牧民增收之间发展水平差异较大、二者耦合协调度较差、空间冲突明显的问题仍然比较突出，当地牧民守住不发生规模性返贫底线、实现共同富裕的压力较大。严格的生态保护与牧民的民生保障是三江源国家公园面临的最主要利益冲突。科学评价国家公园生态保护与牧民增收现状及空间冲突水平，精准识别空间冲突影响因素，探讨其作用机理，分析利益主体博弈行为策略，优化土地利用空间格局，构建人地共生协调机制，是国家公园体制试点结束，正式建立国家公园必须高度重视和切实解决的重大问题。

为此，本书采用简单随机抽样和分层抽样相结合的方法，选取了 2020 年三江源国家公园 927 户牧民入户调研数据，并结合三江源国家公园生态监测相关数据，运用耦合度模型、演化博弈模型、MOP 模型、地理加权回归，以及 Lingo 软件、GIS 软件、GeoSOS_ FLUS 软件、

Fragstats 软件，通过构建 58 个指标组成的指标体系，量化分析三江源国家公园生态保护和牧民增收的现状和空间冲突水平，查找人地共生空间冲突的影响因素，探讨作用机理，分析三江源国家公园管理局、属地县政府及当地牧民三方利益主体的博弈行为策略。同时，在自然演化、经济优先、生态优先三种不同情景下对土地利用空间格局进行优化，在此基础上构建了三江源国家公园人地共生协调机制。

本书的主要结论有：①三江源国家公园生态保护成效明显，生态安全水平上升较快。基于生态支撑力的生态安全综合指数由 0.3394 上升到 0.5449。②三江源国家公园生态保护水平较高但不平衡。生态保护综合评价值为 0.7166，处于较高水平。其中，生物多样性水平最高（0.4188），水土资源保护水平最低（0.1020）；属地四县中，治多县生态保护水平最高（0.3541），曲麻莱县生态保护水平最低（0.1837）。③三江源国家公园牧民增收能力整体较低且水平差异明显，综合评价值为 0.4692，处于中等水平。其中，健康保障能力最强（0.1668），竞争合作能力最弱（0.0947）；杂多县牧民增收能力最强（0.4934），曲麻莱县牧民增收能力最低（0.3870）。④三江源国家公园生态保护和牧民增收协调度较低且空间分异显著。三江源国家公园生态保护和牧民增收的耦合度为 0.9996，处于高水平耦合阶段，但耦合协调度为 0.5027，属于勉强协调类型。三江源国家公园所辖的长江源园区、黄河源园区和澜沧江源园区耦合协调度差异明显（Fisher 检验值为 7.309，p 值为 0.019），空间冲突的影响因素主要有政府生态治理能力、资源依赖程度、人均可支配收入。⑤三江源国家公园三方利益主体共同采取生态保护与牧民增收协调机制的收益最大，采取单一策略则收益最小；属地县政府采取协调策略的意愿最高，当地牧民采取协调策略的意愿最低；协调策略成本与各利益主体采取协调策略的意愿呈反方向变动；抵触成本、协调策略收益、两两协作收益与各主体采取协调策略的意愿呈同方向变动。⑥生态优先情景下三江源国家公园总体效益最大且景观破碎度最小。在生态优先情景下，三江源国家公园总体效益分别是自然演变情景和经济优先情景的 1.52 倍和 2.65 倍，景观完整性和连通性最好。⑦应合理构建三江源国家公园人地共生协调机制。积极构建“协调水平定期监测—影响因素精准识别—现实路径积极探讨—配套政策及时出台”的动态协调机制，并在产业结构转型、生态价值转化和发展动能转变上下功夫，使生态资源转化为经济资源，把生态保护变成经济发展的重要方式和产业支撑。

本书的创新之处主要有：①创新性提出了三江源国家公园人地关系空间冲突及共生协调的科学问题，拓宽了可持续发展理论的研究视野和应用场景。②创新性构建了三江源国家公园人地共生的评价体系，并进行量化评价与分析。③综合运用经济学、管理学、地理学多种研究方法，对三江源国家公园生态保护和牧民增收空间冲突、利益博弈、空间优化等问题进行了量化分析。

本书的应用价值体现在如何在三江源国家公园建设中构建良好的人地复合生态系统，实现生态保护和牧民增收协调发展的双重目标，避免国际上其他国家公园管理中曾经出现过的人地关系失衡、空间激烈冲突的悲剧。学术价值体现在通过揭示三江源国家公园建设管理中的生态保护与牧民增收空间冲突及其作用机理，探讨国家公园建设管理中多目标耦合的人地共生内在规律，拓展高原生态经济、涉藏地区民族经济和空间冲突理论的研究领域。

鉴于数据可得性，本书只选取了截面数据进行研究，对三江源国家公园人地共生机制的时间演化趋势研究不够充分。同时，三江源国家公园人地共生机制对乡村振兴的作用机理并未涉及。这也是作者今后需要深入研究的方向。

由于时间仓促，再加上作者水平有限，疏漏之处在所难免，敬请读者多提宝贵意见。

胡西武

2022 年 8 月 29 日

目　　录

第一章

绪　论

在应对全球气候变化背景下，三江源国家公园作为自然保护地体系的重要功能载体，受到广泛关注。与此同时，青海省又处于曾经的深度贫困地区，2020年刚刚脱贫“摘帽”，守住防止规模性返贫底线的任务依然艰巨。三江源国家公园人地共生协调机制构建，事关青海省经济社会发展大局。

第一节　研究背景、目的和意义

一　研究背景

（一）全球气候变暖已经成为世界各国的重大挑战，应对气候变化是我国经济社会发展面临的新课题

近100年来，地球气候系统正经历着一次以变暖为主要特征的显著变化。[①] 过去40年中的每10年都连续比之前任何10年更暖。[②] 有研究表明，近50年来的气候变暖主要是由人类活动造成的。[③] 在20世纪70年代末的第一次世界气候大会上，应对气候变化开始成为全球的重要话题。40多年来，世界各国政府、企业、居民采取多种措施积极应对气

① 卢春天等：《农村青年对气候变化行为适应的影响因素分析》，《中国青年研究》2016年第8期。

② 汤吉军、陈俊龙：《气候变化的行为经济学研究前沿》，《经济学动态》2011年第7期。

③ 秦大河等：《中国气候与环境演变评估（I）：中国气候与环境变化及未来趋势》，《气候变化研究进展》2005年第1期。

候变化，中国政府也作出了积极响应和重大努力。2007 年 6 月，中国发布实施了《应对气候变化国家方案》，提出 2010 年单位国内生产总值能耗在 2005 年基础上减少 20% 的目标。2013 年 12 月，中国发布《国家适应气候变化战略》，提出了适应目标、重点任务、区域格局和保障措施。[①] 同时积极开展适应气候变化的国际合作，与联合国及其他国际组织、国外研究机构以及加拿大、意大利、英国等国开展了适应气候变化的理论研究与务实合作。2014 年 11 月，《中美气候变化联合声明》签署。2015 年中国宣布“设立 200 亿元人民币的中国气候变化南南合作基金”，[②] 并在发展中国家启动开展了 10 个低碳示范区、100 个减缓和适应气候变化项目及 1000 个应对气候变化培训名额的“十百千”项目，为发展中国家应对全球气候变化提供了资金和技术支持。[③] 2020 年 9 月，国家主席习近平在第 75 届联合国大会一般性辩论上宣布：“中国将采取更加有力的政策和措施，二氧化碳排放力争于 2030 年前达到峰值，努力争取 2060 年前实现碳中和”。为此，党的十九届五中全会和 2021 年中共中央经济工作会议就“双碳”工作作出了专门部署，中国共产党第二十次全国代表大会再次强调，“积极稳妥推进碳达峰碳中和……积极参与应对气候变化全球治理”。[④] 2021 年 9 月和 10 月，中共中央、国务院先后下发文件，要求“完整准确全面理解贯彻新发展理念做好碳达峰碳中和工作”，并制订了“2030 年前碳达峰行动方案”。

（二）生态文明建设和共同富裕是国家重大发展战略，巩固脱贫攻坚成果是新时代我国现代化建设的新要求

中国共产党第十八次全国代表大会明确提出了“创新、协调、绿色、开放、共享”五大发展理念，把生态文明建设纳入“五位一体”总体布局，党的十八届三中全会中明确提出了建立国家公园体制目标，

① 张庆阳：《国际社会应对气候变化发展动向综述》，《中外能源》2015 年第 8 期。

② 习近平：《携手构建合作共赢、公平合理的气候变化治理机制》，《人民日报》2015 年 12 月 1 日第 2 版。

③ 陈永森、陈云：《习近平关于应对全球气候变化重要论述的理论意蕴及重大意义》，《马克思主义与现实》2021 年第 6 期。

④ 习近平：《高举中国特色社会主义伟大旗帜　为全面建设社会主义现代化国家而团结奋斗》，《人民日报》2022 年 10 月 26 日第 1 版。

标志着国家公园体制建设作为生态文明建设的重要举措上升到国家战略层面。2015 年 1 月，国家发展和改革委员会等 13 部委下发《关于印发建立国家公园体制试点方案的通知》（发改社会〔2015〕171 号），明确在北京、吉林、黑龙江、浙江、福建、湖北、湖南、云南、青海 9 省市开展国家公园体制试点。2016 年 3 月，中共中央办公厅、国务院办公厅印发《三江源国家公园体制试点方案》，全面启动三江源国家公园体制试点工作。2021 年 9 月，习近平总书记宣布，中国正式设立三江源国家公园。与此同时，精准扶贫成为我国全面建成小康社会的攻坚战。党的十八届五中全会提出，实施脱贫攻坚工程，实施精准扶贫、精准脱贫。中共中央、国务院《关于打赢脱贫攻坚战的决定》（中发〔2015〕34 号）明确提出“把精准扶贫、精准脱贫作为基本方略，举全党全社会之力，坚决打赢脱贫攻坚战”。2020 年底，我国消除绝对贫困、开启社会主义现代化建设新征程后，中共中央、国务院提出了“巩固脱贫攻坚成果”“守住不发生规模性返贫”的新要求。

（三）生态保护和农牧民增收是青海经济社会发展的最大实际，三江源国家公园是青海绿色发展的重要载体

青海是“三江之源”“中华水塔”，生态地位无可替代，对国家生态安全的重要性尤其突出。生态资源是青海最大的资源，生态优势是青海最大的优势，绿色发展是青海最大的发展。为此青海省第十三次党代会（2017）提出了建设“更加美丽的新青海”和建设“生态大省、生态强省”的发展目标，及时启动了三江源国家公园体制试点工作，三江源国家公园成为青海高质量发展的重要窗口和发展平台。青海省第十四次党代会（2022）提出，“坚定不移打造生态文明高地，要在以国家公园为主体的自然保护地体系建设上走在前列”。[①] 建设以国家公园为主体的自然保护地体系，打造青藏高原生态文明高地，成为新时代青海省肩负的重大历史使命。在推进生态保护的同时，青海省也肩负着巩固脱贫攻坚成果的重要发展任务。尽管 2020 年 4 月 21 日青海省政府发布公告称，青海全省 42 个贫困县（市、区、行委）全部退出贫困县序

① 信长星：《坚定不移沿着习近平总书记指引的方向前进　奋力谱写全面建设社会主义现代化国家的青海篇章》，《青海日报》2022 年 6 月 6 日第 1 版。

列。[①] 但青海低收入群体规模仍然较大，巩固精准脱贫成果，促进群众增收，阻断脱贫人口返贫，守住不发生规模性返贫底线，仍然是当前青海最紧迫的政治任务、最现实的民生需求。因此，生态保护与牧民增收的融合发展，成为三江源国家公园体制试点的重要内容。

（四）持续改善生态环境和坚定不移推动高质量发展，是“十四五”时期我国经济社会发展的重要目标

党的十九届五中全会指出：“我国已转向高质量发展阶段，……同时我国城乡区域发展和收入分配差距较大，生态环保任重道远，民生保障存在短板……”。全会提出的二〇三五年远景目标要求：“广泛形成绿色生产生活方式，……生态环境根本好转，美丽中国建设目标基本实现；……人均国内生产总值达到中等发达国家水平，……基本公共服务实现均等化，城乡区域发展差距和居民生活水平差距显著缩小”。[②] 全会对“十四五”时期经济社会发展主要目标进行了描述：“生态文明建设实现新进步，……生态环境持续改善，生态安全屏障更加牢固，城乡人居环境明显改善；民生福祉达到新水平，……脱贫攻坚成果巩固拓展，乡村振兴战略全面推进”。[③] 中国共产党第二十次代表大会进一步要求，“统筹产业结构调整、污染治理、生态保护、应对气候变化，协同推进降碳、减污、扩绿、增长，推进生态优先、节约集约、绿色低碳发展。”青海省委省政府深入贯彻“坚持生态保护优先，推动高质量发展、创造高品质生活”为主要内容的“一优两高”战略，在保护中发展、在发展中保护，促进经济社会发展全面绿色转型，“十四五”时期提出了“科学有序推进碳达峰碳中和”，“建设全国乃至国际生态文明高地”的奋斗目标，加快构建“以产业生态化和生态产业化为主体的生态经济体系”，全力打造“世界级盐湖产业基地、国家清洁能源产业高地、绿色有机农畜产品输出地和国际生态旅游目的地”。[④]

---

① 洪玉杰：《书写脱贫攻坚的“青海实践”》，《青海日报》2021 年 1 月 24 日第 1 版。

② 《中国共产党第十九届中央委员会第五次全体会议公报》，新华网，http://www.xinhuanet.com/2020-10/29/c_1126674147.htm.

③ 《中国共产党第十九届中央委员会第五次全体会议公报》，新华网，http://www.xinhuanet.com/2020-10/29/c_1126674147.htm.

④ 信长星：《坚定不移沿着习近平总书记指引的方向前进　奋力谱写全面建设社会主义现代化国家的青海篇章》，《青海日报》2022 年 6 月 6 日第 1 版。

对于青海而言，因为肩负全国生态安全屏障使命，在已取得生态保护成果基础上应进一步推进生态优化；又因为地处曾经的深度贫困地区，需要全面提升农牧民增收能力，彻底阻断返贫路。为此，生态优化和牧民增收应该成为青海“十四五”时期新的工作重点。而二者之间的空间冲突与统筹协调，特别是在以生态保护为首要任务的三江源国家公园特定区域内，在当地牧民生计对生态资源依赖程度仍然较高的情况下，必然表现得更加突出，需要学术界引起高度重视并认真研究解决。

二　研究目的

（一）主要研究内容

1. 三江源国家公园人地关系现状调查评估

通过实地调研和入户访谈，分析三江源国家公园设立以来生态保护取得的成效，对牧民增收水平进行量化分析，把握各方主体的合理诉求和利益冲突，找准协调发展中存在的突出问题。

2. 三江源国家公园人地关系耦合协调度评价

建立三江源国家公园人地关系耦合评价体系，通过熵值法和层次分析法综合确定各指标权重，在此基础上构建二者耦合协调模型，根据测算结果确定二者的耦合类型及协调度水平。

3. 三江源国家公园人地关系空间冲突影响因素识别

以耦合协调度作为因变量，分析三江源国家公园人地关系空间冲突的空间分异特征，并运用地理加权回归模型和普通最小二乘法，查找空间冲突主要影响因子，分析其内外作用机理。

4. 三江源国家公园土地利用空间优化

基于多目标规划（MOP）模型，设置自然演化情景、经济优先情景和生态优先情景，运用 Lingo18 和 GeoSOS_ FLUS 软件，优化土地利用空间格局，并比较三种情景下的总体效益和景观破碎度，进而提出最优解决方案。

5. 三江源国家公园相关主体的三方博弈行为分析

以演化博弈论为视角，以系统论为支撑，通过构建三江源国家公园生态保护和当地牧民增收三方利益主体的演化博弈模型，量化分析三江源国家公园管理局、属地县政府和当地牧民的博弈关系，探寻各主体稳定策略行为。

6. 三江源国家公园人地共生协调机制构建

统筹生态保护与牧民增收的经济、社会、文化等资源，形成“协调水平定期监测—影响因素精准识别—现实路径积极探讨—配套政策及时出台”的人地共生动态统筹机制，推动其协调发展。

（二）研究重点难点

1. 研究重点

第一，分析三江源国家公园人地关系现状，并对人地关系空间冲突状况进行量化评价。第二，根据耦合协调度评价结果，科学识别三江源国家公园人地关系空间冲突的影响因素并分析其作用机理。第三，结合演化博弈模型各主体的决策行为，构建科学合理、具有较强可操作性的三江源国家公园人地共生协调机制。

2. 研究难点

第一，如何构建合理的评价指标体系，科学评价三江源国家公园人地关系状况和空间冲突状态？第二，如何运用适当的研究方法优化三江源国家公园土地利用空间格局？

（三）主要研究目的

（1）合理设计三江源国家公园人地关系评价指标体系，科学评价人地关系现状及空间冲突水平，识别其主要影响因素。

（2）优化三江源国家公园土地利用空间格局，运用人工智能手段，在合理测算的基础上，提出三江源国家公园土地利用最优解决方案和空间分布格局。

（3）科学设定三方利益主体的演化博弈模型，量化分析三江源国家公园管理局、属地县政府和当地牧民的博弈关系，探寻各主体稳定策略行为。

（4）有效构建三江源国家公园人地共生协调机制，提出相关对策建议，实现利益冲突对抗条件下最优决策问题解决的目标。

三　研究意义

三江源国家公园建设管理是一个以生态保护为核心目标的系统工程，涉及人与自然和谐共生，保护与发展协调推进，近期与远期合理兼顾，改革与创新有序实施，多方主体利益博弈调整等多个方面。这些祖祖辈辈世代居住于此的藏族牧民，长年逐水草而居，已经成为三江源国家公园整体生态系统不可或缺的重要组成部分。在三江源整体生态系统中，如何在国家公园建设管理中解决人地关系空间冲突并实现二者协调发展，是当前藏区经济社会发展亟须回答的理论问题，也是三江源国家公园建设管理需要解决的现实难题。

本书的理论意义在于：通过揭示三江源国家公园人地关系空间冲突特征，探讨国家公园建设管理中多目标耦合的内在规律，拓展高原生态经济、涉藏地区民族经济和空间冲突理论的研究领域，丰富区域高质量发展的研究层次。

本书的现实意义在于：探讨如何在三江源国家公园建设中构建良好的人地复合生态系统，实现生态保护和牧民增收协调发展的双重目标，避免国际上其他国家公园管理中曾出现过的人地关系失衡、空间激烈冲突悲剧的重演。

第二节　国内外研究综述

一　国内外研究现状

（一）气候变化行为响应的研究概况

政府间气候变化专门委员会（IPCC，2021）第六次评估报告第一工作组报告结论显示，相较工业化前水平，2010—2019 年人类活动引起的全球平均表面温度升高约为 1.07℃；其中，自然强迫影响的温度变化仅为-0.1℃—0.1℃，温室气体可能导致 1.0℃—2.0℃ 的升温。[①] 人类影响已毋庸置疑造成了大气、海洋和陆地变暖。[②] 如果人类活动不加控制，必然导致全球变暖和气候变化的不可预测性增加。[③] 全球气候变化已经成为人类面对的一个重大挑战。[④] 1972 年 6 月，联合国人类环境会议通过了《联合国人类环境会议宣言》，呼吁各国政府和人民为维

① 樊星等：《IPCC 第六次评估报告第一工作组报告主要结论解读及建议》，《环境保护》2021 年第 2 期。

② IPCC, *Climate Change* 2021: *The Physical Science Basis*, the Sixth Assessment Report of the Intergovernmental Panel on Climate Change, August, 9, 2021.

③ 汤吉军、陈俊龙：《气候变化的行为经济学研究前沿》，《经济学动态》2011 年第 7 期。

④ 杜文献：《气候变化对农业影响的研究进展——基于李嘉图模型的视角》，《经济问题探索》2011 年第 1 期。

护和改善人类环境而共同努力。1979 年 2 月，第一次世界气候大会明确提出“二氧化碳的增加会使大气低层特别是在高纬度地区逐渐变暖”。1988 年，世界气象组织（WMO）和联合国环境规划署（UNEP）建立了政府间气候变化专门委员会（IPCC），旨在为决策者定期提供气候变化科学基础、气候影响及风险评估、气候适应和缓和可选方案。[①] 2015 年以来，全球形成了《巴黎协定》框架下的全球气候治理体系。[②] 自 1872 年世界上第一个国家公园出现以来，因其自然保护地生物多样性丰富、[③] 极高的碳汇价值、[④] 应对气候变化自然胁迫和自然灾害、保障生物多样性与生态系统健康的作用，[⑤] 成为具有强大的“气候领导力”的应对气候变化的领导者。[⑥] 2010 年前后，美国、[⑦] 英国、[⑧] 欧盟、[⑨] 新西兰[⑩]等地的国家公园管理机构制定了系统的气候变化应对战略与行动计划。Baron 等建议，在国家公园管理中，应实施稳健而多样的战略，将适应性管理和情景规划作为重要的管理工具进行运用，在管理者、主管和公众之间建立信任，以更好地应对气候变化。[⑪] Dube 等

① 《IPCC 是什么》，中国气象局官网，http：//www.cma.gov.cn/2011xzt/2013 zhuant/20130925/ 2013092503/201309/t20130925_ 227109.html.

② 孙悦、于潇：《人类命运共同体视域下中国推动全球气候治理转型的研究》，《东北亚论坛》2019 年第 6 期。

③ Scheffers B. R., et al., “The Broad Footprint of Climate Change from Genes to Biomes to People”, *Science*, Vol. 354, No. 6313, 2016, p. aaf7671.

④ Melillo J. M., et al., “Protected Areas’ Role in Climate-change Mitigation”, *Ambio*, Vol. 45, No. 2, 2016, pp. 133-145.

⑤ Keith D., “Tourism in National Parks and Protected Areas: Planning and Management”, *Tourism Management*, Vol. 25, No. 2, 2004, pp. 288-289.

⑥ National Park Service US, *National Climate Change Interpretation and Education Strategy*, 2020, Washington, D. C.: U. S. of Development of Interior, 2020, p. 10.

⑦ National Park Service US, *National Park Service Climate Change Response Strategy*, 2018, Washington, D. C.: U. S. of Development of Interior, 2018, pp. 22-30.

⑧ AENPA, *Climate Change Mitigation and Adaptation in National Parks*, 2020, London: Association English-National-Park-Authorities, 2020, pp. 12-18.

⑨ Commission European, *Guidelines on Climate Change and Natura* 2000, Brussels: European Union, 2013.

⑩ Christie J. E., *Adapting to a Changing Climate: a Proposed Framework for The Conservation of Terrestrial Native Biodiversity in New Zealand*, 2014, Wellington: Department of Conservation, 2014, pp. 23-27.

⑪ Baron J. S., et al., “Options for National Parks and Reserves for Adapting to Climate Change”, *Environmental Management*, Vol. 44, No. 6, 2009, pp. 1033-1042.

建议修订土地利用规划，改造和重新设计国家公园设施，以确保气候恢复能力和可持续旅游业。[①]

（二）国家公园的研究概况

国家公园的概念最早由美国艺术家 Catlin 提出，其核心特征是国家主导性、公益性和科学性。[②] 自 1872 年世界上第一个国家公园——黄石国家公园建立以来，国家公园已经经历了 140 多年的历史，已有 100 多个国家或地区建立了近万个国家公园。[③④] 截至 2014 年 3 月，世界直接冠以“国家公园”之名的国家公园有 3740 个；世界保护区委员会（WCPA）数据库中统计的属于国家公园（Ⅱ类）的数量有 5219 个。[⑤] 国外相关研究成果主要集中在管理体制、资源保护与利用、环境问题与影响及利益相关者关系[⑥⑦⑧⑨]等宏观层面问题。近年研究重点转移到国家公园内部人与自然复合系统的关系，具体涉及土地利用与土地所有权冲突、权责归属、管理制度与管制模式等问题。[⑩⑪⑫] 我国的国家公园建

---

① Dube K., Nhamo G., “Evidence and Impact of Climate Change on South African National Parks. Potential Implications for Tourism in the Kruger National Park”, *Environmental Development*, Vol. 33, 2020, p. 100485.

② 陈耀华等：《论国家公园的公益性、国家主导性和科学性》，《地理科学》2014 年第 3 期。

③ 吴承照：《保护地与国家公园的全球共识——2014 IUCN 世界公园大会综述》，《中国园林》2015 年第 11 期。

④ 高吉喜等：《中国自然保护地 70 年发展历程与成效》，《中国环境管理》2019 年第 4 期。

⑤ 乔迟、刘旻：《国家公园来了，留住“大自然本色之美”》，《新京报》2021 年 11 月 9 日第 B02 版。

⑥ Sax J. L., *Mountains without Handrails: Reflections on the National Parks*, Ann Arbor: University of Michigan Press, 2018, p. 127.

⑦ Bragagnolo C., et al., “Understanding Non-Compliance: Local People's Perceptions of Natural Resource Exploitation Inside Two National Parks in Northeast Brazil”, *Journal for Nature Conservation*, Vol. 40, 2017, pp. 64-76.

⑧ Shafer C., “L. From Non-Static Vignettes to Unprecedented Change: The US National Park System, Climate Impacts and Animal Dispersal”, *Environmental Science & Policy*, Vol. 40, 2014, pp. 26-35.

⑨ Nabokov P., Loendorf L., *Restoring a Presence: American Indians and Yellowstone National Park*, Norma: University of Oklahoma Press, 2016, p. 113.

⑩ Subakanya M., et al., “Land Use Planning and Wildlife-Inflicted Crop Damage in Zambia”, *Environments*, Vol. 5, No. 10, 2018, p. 110.

⑪ Manning R. E., et al., *Managing Outdoor Recreation: Case Studies in the National Parks*, London: CABI, 2017.

⑫ Gu X., et al., “Factors Influencing Residents' Access to and Use of Country Parks in Shanghai, China”, *Cities*, Vol. 97, 2020, p. 102501.

设试点起始于黑龙江汤旺河国家公园（2008 年），2015 年后青海等 9 省市先后开展国家公园体制试点。在理论研究方面，国内学者主要介绍了西方国家公园体制，并结合中国国情提出相应的具体建议，[①②③] 在管理体制、整体规划、利益协调[④⑤⑥]等方面进行了研究，并开始探讨国家公园建设模式及关键问题以及社区参与及惠益共享等问题。[⑦] 近年来，国家公园建设管理中的冲突问题引起了学者的注意。[⑧⑨⑩] 高燕等研究认为，公园定界、公园生态保护和公园开发利用等原因导致了国家公园中的社区冲突，应从土地权属保障制度、社区参与制度和特许经营制度预防和改善国家公园与社区居民之间的关系。[⑪⑫] 李正欢等指出，土地问题是国家公园社区管理中最为棘手的问题，应通过建立土地政策、生态保育政策、社区参与政策和可持续生计的资源管理体制缓解国家公园社区冲突。[⑬] 赵晓娜等研究发现，人兽冲突成为制约三江源国家公园经济社会可持续发展的突出问题，人兽冲突地域分布差异明显，需要制定有效的人兽冲突风险管理策略。[⑭]

---

① 王连勇：《创建统一的中华国家公园体系——美国历史经验的启示》，《地理研究》2014 年第 12 期。

② 陈朋、张朝枝：《国家公园门票定价：国际比较与分析》，《资源科学》2018 年第 12 期。

③ 余青、韩淼：《美国国家公园路百年发展历程及借鉴》，《自然资源学报》2019 年第 9 期。

④ 张海霞、张旭亮：《自然遗产地国家公园模式发展的影响因素与空间扩散》，《自然资源学报》2012 年第 4 期。

⑤ 向宝惠、曾瑜皙：《三江源国家公园体制试点区生态旅游系统构建与运行机制探讨》，《资源科学》2017 年第 1 期。

⑥ 张海霞、钟林生：《国家公园管理机构建设的制度逻辑与模式选择研究》，《资源科学》2017 年第 1 期。

⑦ 唐芳林：《中国特色国家公园体制建设思考》，《林业建设》2018 年第 5 期。

⑧ 严国泰、沈豪：《中国国家公园系列规划体系研究》，《中国园林》2015 年第 2 期。

⑨ 田治国、潘晴：《国家公园社区冲突缓解机制研究——基于“民胞物与”理论》，《常州大学学报》（社会科学版）2021 年第 3 期。

⑩ 李博炎等：《中国国家公园体制试点进展、问题及对策建议》，《生物多样性》2021 年第 3 期。

⑪ 毕莹竹等：《三江源国家公园利益相关者利益协调机制构建》，《中国城市林业》2019 年第 3 期。

⑫ 高燕等：《境外国家公园社区管理冲突：表现、溯源及启示》，《旅游学刊》2017 年第 1 期。

⑬ 李正欢等：《利益冲突、制度安排与管理成效：基于 QCA 的国外国家公园社区管理研究》，《旅游科学》2019 年第 6 期。

⑭ 赵晓娜等：《三江源国家公园人兽冲突现状与牧民态度认知研究》，《干旱区资源与环境》2022 年第 4 期。

（三）空间冲突的研究概况

空间冲突是自然资源利用内涵的丰富与延伸，是资源相关者利益诉求的空间外在化，即利益相关者在空间资源开发利用方式、数量、位置等方面的不一致，以及各种空间利用方式与生态环境的矛盾，涉及自然、经济、社会、生态、政治等领域。[①][②] 作为利益冲突的显性形态，空间冲突是地理空间发展过程中的常态现象和基本特征，并成为空间管理与可持续发展的核心内容，[③] 其复杂性和多变性日益受到关注。各主体基于自身的利益需求，在对空间资源的争夺动机外化为对抗行动后，就会促使空间冲突的发生，而制度或规范的缺失、社会环境的诱导等诱因彼此相互作用形成空间冲突的动力，加速空间冲突的发生。[④] 空间冲突主要表现为：利益相关者为获取利益而产生的行为冲突、空间资源的不合理使用导致功能效率降低、空间破碎化过程引发自然与社会格局动荡。[⑤] 近年来国内外学者在空间冲突的演变与效应、城乡空间生产过程、区域剥夺行为与调控模式、城市发展空间竞争、城市空间整合等相关领域取得丰富成果，同时重点开展了空间冲突影响、城区空间冲突测度、空间冲突规划、空间冲突修复等领域的应用研究。[⑥][⑦][⑧] 伴随着城市化过程中“生态—生产—生活”“三生空间”矛盾不断激化，空间冲突问题越发引起重视。廖李红等对平潭岛快速城市化进程中“三生空间”冲突进行了研究[⑨]；陈晓等以宁夏红寺堡移民区为例对旱区生态移民空

① 曾蕾、杨效忠：《地理学视角下空间冲突研究述评》，《云南地理环境研究》2015年第4期。

② 张丽荣等：《生态保护地空间重叠与发展冲突问题研究》，《生态学报》2019年第4期。

③ 杨永芳等：《土地利用冲突权衡的理论与方法》，《地域研究与开发》2012年第5期。

④ 郭向宇：《长株潭城市群区域冲突的形成机理及调控模式研究》，硕士学位论文，湖南师范大学，2011年。

⑤ 张定源等：《空间冲突理论分析与实证研究》，《华东地质》2022年第1期。

⑥ Khatiwada L. K.，“A Spatial Approach in Locating and Explaining Conflict Hot Spots in Nepal”，*Eurasian Geography and Economics*，Vol. 55，No. 2，2014，pp. 201-217.

⑦ 王海鹰等：《广州市城市生态用地空间冲突与生态安全隐患情景分析》，《自然资源学报》2015年第8期。

⑧ 赵旭等：《基于CLUE-S模型的县域生产—生活—生态空间冲突动态模拟及特征分析》，《生态学报》2019年第16期。

⑨ 廖李红等：《平潭岛快速城市化进程中三生空间冲突分析》，《资源科学》2017年第10期。

间冲突的生态风险进行了探析;[1] 赵旭等开展了县域“生产—生活—生态”空间冲突的动态模拟及特征分析;[2] 陈士梅等基于生态安全对昆明市空间冲突测度与影响因素进行了研究;[3] 吴蒙等进行了基于生态系统服务的快速城市化地区空间冲突测度及时空演变特征的研究;[4] 王珊珊等以乌鲁木齐市为例探析了干旱区绿洲城市“三生”用地变化及其引起的空间冲突变动。[5]

（四）共同富裕的研究概况

共同富裕是社会主义的本质要求，是人民群众的共同期盼，也是中国共产党矢志不渝的奋斗目标。共同富裕的实质是在中国特色社会主义制度保障下，全体人民共创日益发达、领先世界的生产力水平，共享日益幸福而美好的生活，[6] 其主要任务是解决相对贫困问题。[7] 当前，学界对共同富裕的内涵、[8][9][10] 实现路径、[11][12] 度量指标体系设计[13][14][15]等方面进行了探讨。对于相对贫困问题，学者主要围绕相对贫困

---

① 陈晓等:《旱区生态移民空间冲突的生态风险研究——以宁夏红寺堡区为例》,《人文地理》2018年第5期。

② 赵旭等:《基于CLUE-S模型的县域生产—生活—生态空间冲突动态模拟及特征分析》,《生态学报》2019年第16期。

③ 陈士梅等:《基于生态安全的空间冲突测度与影响因素研究——以昆明市为例》,《中国农业大学学报》2020年第5期。

④ 吴蒙等:《基于生态系统服务的快速城市化地区空间冲突测度及时空演变特征》,《中国人口·资源与环境》2021年第5期。

⑤ 王珊珊等:《干旱区绿洲城市“三生”用地空间冲突研究》,《水土保持通报》2022年第3期。

⑥ 刘培林等:《共同富裕的内涵、实现路径与测度方法》,《管理世界》2021年第8期。

⑦ 谢华育、孙小雁:《共同富裕、相对贫困攻坚与国家治理现代化》,《上海经济研究》2021年第11期。

⑧ 于成文:《坚持“质”“量”协调发展扎实推动共同富裕》,《探索》2021年第6期。

⑨ 刘尚希:《论促进共同富裕的社会体制基础》,《行政管理改革》2021年第12期。

⑩ 张来明、李建伟:《促进共同富裕的内涵、战略目标与政策措施》,《改革》2021年第9期。

⑪ 李周:《中国走向共同富裕的战略研究》,《中国农村经济》2021年第10期。

⑫ 夏英、王海英:《实施〈乡村振兴促进法〉:开辟共同富裕的发展之路》,《农业经济问题》2018年第11期。

⑬ 万海远、陈基平:《共同富裕的理论内涵与量化方法》,《财贸经济》2021年第12期。

⑭ 胡鞍钢、周绍杰:《2035中国:迈向共同富裕》,《北京工业大学学报》(社会科学版)2022年第1期。

⑮ 刘培林等:《共同富裕的内涵、实现路径与测度方法》,《管理世界》2021年第8期。

的成因与识别、[1][2][3] 相对贫困的测度[4]等方面展开研究。脱贫致富能力是研究共同富裕的重要视角。[5] Schultz 最早提出了农民智力投资和能力培养问题。[6] 在 Rowntree[7] 提出绝对贫困的基础上，Sen 提出了能力贫困概念，指出造成贫困人口陷入贫困的原因是他们获取收入的能力受到剥夺以及机会的丧失；收入低下、公共基础设施缺乏、政府公共财政支出不到位会引起对人们的可行能力的剥夺。[8] Chambers 正式提出可持续生计研究框架，指出生计包括生产、生活所需的能力，资产（存储、资源、索偿和使用权）和活动。[9] Sen 系统论述了可行能力的概念和内容，指出可行能力是有可能实现的、各种可能的功能性活动组合，是实现各种可能的功能性活动组合的实质自由，包括政治自由、经济条件、社会机会、透明性担保和防御性保护五种工具性自由。[10] 英国国际发展署（DFID）开发了可持续生计 SLA 模型。此后，可持续生计方法被国外学者广泛用于能源消费、资源保护、土地改革、贫困治理等领域。国内学者将可持续生计与精准扶贫相结合，进行了可行能力再造、可持续生计评价、多维贫困识别、可持续能力影响等研究。[11][12] 凌经球正式提

---

① 张林、邹迎香：《中国农村相对贫困及其治理问题研究进展》，《华南农业大学学报》（社会科学版）2021 年第 6 期。

② 张承等：《我国多维相对贫困的识别及其驱动效应研究》，《经济问题探索》2021 年第 11 期。

③ 樊增增、邹薇：《从脱贫攻坚走向共同富裕：中国相对贫困的动态识别与贫困变化的量化分解》，《中国工业经济》2021 年第 10 期。

④ 韦凤琴、张红丽：《中国农村地区多维相对贫困测度与时空分异特征》，《统计与决策》2021 年第 16 期。

⑤ 霍增辉等：《基于项目反应理论的农户相对贫困测度研究——来自浙江农村的经验证据》，《农业经济问题》2021 年第 7 期。

⑥ Schultz T. W., *Transforming Traditional Agriculture*, London: Yale University Press, 1964, p. 35.

⑦ Rowntree S., *Poverty: A Study of Town Life*, London: Macmillan, 1901, p. 23.

⑧ Sen, A., "Poverty: an Ordinal Approach to Measurement", *Econometrica: Journal of the Econometric Society*, Vol. 44, No. 2, 1976, pp. 219-231.

⑨ Chambers R., Conway G., *Sustainable Rural Livelihoods: Practical Concepts for the 21st Century*, London: Institute of Development Studies (UK), 1992, p. 105.

⑩ Sen, A., *Development as Freedom*, Oxford: Oxford University Press, 1999, p. 71.

⑪ 何仁伟等：《基于可持续生计的精准扶贫分析方法及应用研究——以四川凉山彝族自治州为例》，《地理科学进展》2017 年第 2 期。

⑫ 袁梁等：《生态补偿、生计资本对居民可持续生计影响研究——以陕西省国家重点生态功能区为例》，《经济地理》2017 年第 10 期。

出了“可持续脱贫”概念，[①] 随后又提出了研究框架。[②] 近年来，国内学者在可持续脱贫的评价体系、长效机制、动态风险、能力建设等方面取得了较多研究成果。[③④⑤⑥] 黄诚、庞兆丰等提出了提升不同群体致富能力的对策建议。[⑦⑧]

（五）人地关系的研究概况

人地系统是人地关系地域系统的简称，是一个由自然、经济和社会子系统组成的复杂系统。[⑨] 人地关系包括人对自然的依赖性和人的能动地位。[⑩] 资源地贫困问题是资源地人地关系演替的结果。[⑪] 人地关系具有不对称性、非线性，存在协同机制，协调人地关系的关键是协调人类内部关系。[⑫] 国外自古希腊就开始了对人地关系的关注，先后形成了地理环境决定论、或然论、适应论、文化景观论与和谐论等理论和观点；自20世纪50年代以来，国外学者在土地利用、覆被变化、人口增长、经济增长与资源环境的关系、典型区域人地系统等方面开展了较多研

---

① 凌经球：《可持续脱贫的机制创新与治理结构转型：对若干国家级贫困县的调查》，广西人民出版社2009年版，第10—20页。

② 凌经球：《可持续脱贫：新时代中国农村贫困治理的一个分析框架》，《广西师范学院学报》（哲学社会科学版）2018年第2期。

③ 胡西武等：《共同富裕背景下三江源国家公园原住民可持续脱贫能力测度及作用机理研究》，《干旱区资源与环境》2022年第6期。

④ 齐义军、巩蓉蓉：《内蒙古少数民族聚居区稳定脱贫长效机制研究》，《中央民族大学学报》（哲学社会科学版）2019年第1期。

⑤ 孙晗霖等：《贫困地区精准脱贫户生计可持续及其动态风险研究》，《中国人口·资源与环境》2019年第2期。

⑥ 梁伟军、谢若扬：《能力贫困视阈下的扶贫移民可持续脱贫能力建设研究》，《华中农业大学学报》（社会科学版）2019年第4期。

⑦ 黄诚：《“三举措”提升计划生育家庭致富能力》，《人口与计划生育》2013年第11期。

⑧ 庞兆丰、周明：《共同富裕中不同群体的致富能力研究》，《西北大学学报》（哲学社会科学版）2022年第2期。

⑨ 郝成元等：《人地关系的科学演进》，《软科学》2004年第4期。

⑩ 郑度：《21世纪人地关系研究前瞻》，《地理研究》2002年第1期。

⑪ 王嘉学等：《资源地贫困问题与人地关系调适——以云南为例》，《云南师范大学学报》（哲学社会科学版）2011年第3期。

⑫ 陈国阶：《可持续发展的人文机制——人地关系矛盾反思》，《中国人口·资源与环境》2000年第3期。

究，提出了生态系统服务价值核算、[①] 环境库兹涅茨曲线等理论。[②③] 进入21世纪以后，人地关系系统综合评价、[④] 人地关系模拟与可视化研究、[⑤] 人地关系脆弱性评估[⑥]等成为国外学者关注的新领域。[⑦] 我国古代人地关系的研究体现在“道法自然”“天人合一”等哲学思想中，人地关系科学化研究起步于20世纪初期，在1980年以后逐渐繁荣，成果集中体现在人地关系的理论、人地关系的演变、人地关系的影响机制等方面。[⑧⑨] 吴传钧首次提出“人—经济—自然”系统，并将人地关系地域系统研究作为地理学的核心。[⑩] 马世骏提出，在“社会—经济—自然复合生态系统”中，人是最活跃的积极因素和最强烈的破坏因素。[⑪⑫] 申玉铭划分了人地系统原始型、掠夺型和协调型三个发展阶段。[⑬] 左伟等提出人地关系系统具有整体性、结构性、层次性、功能性、动态性特征。[⑭] 吕拉昌和黄茹提出，人地关系系统实质是由“人”“地”“文化”形成的三元结构模式。[⑮] 李小云等认为生产力、生产关系、人口、战

---

① Costanza R., et al., “The Value of the World's Ecosystem Services and Natural Capital”, *nature*, Vol. 387, No. 6630, 1997, pp. 253-260.

② 王亚平：《生态文明建设与人地系统优化的协同机理及实现路径研究》，博士学位论文，山东师范大学，2019年。

③ 索恰瓦：《地理系统学说导论》，商务印书馆1991年版，第40—54页。

④ Van Den Berg M., “Femininity as a City Marketing Strategy Gender Bending Rotterdam”, *Urban Studies*, Vol. 49, No. 1, 2012, pp. 153-168.

⑤ Roberts C. A., et al., “Modeling Complex Human-environment Interactions: the Grand Ganyon river Trip Simulator”, *Ecological Modelling*, Vol. 153, No. 1, 2002, pp. 181-196.

⑥ Gao C., et al., “The Classification and Assessment of Vulnerability of Man-land System of Oasis city in Arid Area”, *Frontiers of Earth Science*, Vol. 7, No. 4, 2013, pp. 406-416.

⑦ 韩勇等：《国外人地关系研究进展》，《世界地理研究》2015年第4期。

⑧ 王亚平：《生态文明建设与人地系统优化的协同机理及实现路径研究》，博士学位论文，山东师范大学，2019年。

⑨ 刘彦随：《现代人地关系与人地系统科学》，《地理科学》2020年第8期。

⑩ 吴传钧：《论地理学的研究核心——人地关系地域系统》，《经济地理》1991年第3期。

⑪ 马世骏：《生态规律在环境管理中的作用——略论现代环境管理的发展趋势》，《环境科学学报》1981年第1期。

⑫ 马世骏、王如松：《社会—经济—自然复合生态系统》，《生态学报》1984年第1期。

⑬ 申玉铭：《论人地关系的演变与人地系统优化研究》，《人文地理》1998年第4期。

⑭ 左伟等：《人地关系系统及其调控》，《人文地理》2001年第1期。

⑮ 吕拉昌、黄茹：《人地关系认知路线图》，《经济地理》2013年第8期。

争、自然灾害等推动着我国人地系统演变。[①] 近年来，学者从不同尺度、不同地域对人地系统展开研究，取得了较多成果。[②③④⑤⑥⑦]

二　国内外研究评价

上述学者在国家公园建设管理、空间冲突、共同富裕、人地关系等方面取得了较为丰富的研究成果，但仍存在进一步研究的学术空间。

（1）国家公园人地关系空间冲突问题尚未引起学界的高度关注。这种空间冲突如果不能及时有效处理和化解，可能演化成激烈的社会冲突和矛盾。

（2）国家公园人地关系空间冲突的影响因素和作用机理尚不清晰，需要进行深入研究探讨，为构建国家公园人地共生协调机制提供理论依据。

因此，研究三江源国家公园生态保护与牧民增收空间冲突的作用机理，构建三江源国家公园人地共生协调机制，对于优化三江源国家公园管理机制，促进生态与经济协调发展十分必要。

第三节　研究内容、研究方法及创新点

一　研究内容

本书的主要研究内容有：

---

① 李小云等：《中国人地关系的历史演变过程及影响机制》，《地理研究》2018 年第 8 期。

② 孙才志等：《中国沿海地区人海关系地域系统评价及协同演化研究》，《地理研究》2015 年第 10 期。

③ 周扬等：《中国县域贫困综合测度及 2020 年后减贫瞄准》，《地理学报》2018 年第 8 期。

④ 张骁鸣、翁佳茗：《从“地方感”到“人地相处”——以广州天河体育中心公共休闲空间中的人地关系为例》，《地理研究》2019 年第 7 期。

⑤ 李玉恒等：《京津冀地区乡村人地关系演化研究》，《中国土地科学》2020 年第 12 期。

⑥ 曾国军等：《从在地化、去地化到再地化：中国城镇化进程中的人地关系转型》，《地理科学进展》2021 年第 1 期。

⑦ 韩宗伟、焦胜：《1980—2019 年湘鄂豫公共卫生服务均等性及其人地关系的时空差异》，《地理学报》2022 年第 8 期。

（一）三江源国家公园人地关系现状调查评估

根据三江源国家公园生态资源及牧民生计状况，分别构建生态保护评价体系和牧民增收水平评价体系，采用综合赋权法确定各指标权重，对三江源国家公园生态保护和牧民增收水平进行量化评价。在此基础上，对三江源国家公园人地关系空间冲突进行定性分析。

（二）三江源国家公园人地关系耦合度评价及空间冲突诊断

通过构建评价指标体系，采用综合赋权法确定指标权重，计算三江源国家公园人地关系耦合度和耦合协调度，对其空间冲突进行评价，并分析长江源园区、黄河源园区及澜沧江源园区空间冲突的空间分异特征。在此基础上，从价值取向和空间功能两方面对空间冲突进行诊断。

（三）三江源国家公园人地关系空间冲突影响因素及作用机理探讨

以三江源国家公园生态保护和牧民增收耦合协调度为因变量，以政府生态治理能力、资源依赖程度、人均可支配收入为自变量，构建回归模型，探讨三江源国家公园人地关系空间冲突的影响因素及作用机理。

（四）三江源国家公园相关主体的三方博弈行为分析

在对三江源国家公园生态保护与牧民增收涉及的三方主体（三江源国家公园管理局、属地县政府和当地牧民）行为分析及三者利益关系分析的基础上，开展三江源国家公园生态保护与牧民增收博弈关系的定性分析和量化分析，构建博弈三方的收益矩阵，并进行求解与分析，求取三方主体的稳定行为策略。

（五）基于 MOP 的三江源国家公园土地利用空间布局优化

以三江源国家公园总体效益为优化目标，利用 Lingo 软件，通过 MOP 和 Geo SOS-FLUS 模型，在自然演变、经济优先和生态优先三种情景下分别进行土地利用结构和空间布局优化。分别比较三种情景下的总体效益、土地利用结构和土地空间布局，在此基础上，以三江源国家公园总体效益为优化目标，对三江源国家公园土地利用结构和空间布局进行优化。

（六）三江源国家公园人地共生协调机制构建

阐述构建三江源国家公园人地共生机制的重大意义，建立三江源国家公园人地共生协调机制的基本原则、基本框架，并确定其主要内容。在此基础上，提出构建三江源国家公园人地共生协调机制的具体措施和对策建议，为政府相关部门提供决策参考。

二 研究方法

（一）文献分析法

在阅读相关文献的基础上，对国内外气候变化、国家公园、脱贫能力等最新成果、研究方法进行梳理，同时根据可行能力以及三江源国家公园的功能要求，进行综合比较，结合实际，构建三江源国家公园人地关系评价指标体系，并对空间冲突水平进行测度，对空间分异特征进行分析。

（二）田野调查法

组建一个由 8 人组成的三江源牧民生产生活调研小组，到三江源国家公园所在 4 个县 12 个乡（镇）53 个村，进行了为期一个月的田野调查。通过召开座谈会、入户访谈、问卷调查、个体观察、现场调查等方法，了解三江源国家公园人地关系现状及地理空间资源分布情况，收集相关文档、现场图片、影视录音资料，全面掌握三江源国家公园生态保护及当地牧民的生产生活状况。

（三）定性分析和定量分析相结合的方法

在对三江源国家公园生态保护和牧民增收成效、各利益主体博弈行为定性分析的基础上，开展三江源国家公园生态保护和牧民增收的量化评价、回归分析、演化博弈策略求解、统筹优化求解以及人工智能空间格局动态模拟等量化分析，实现定性分析与实证分析的有机结合。

（四）空间地理分析法

以 GIS（地理信息系统）技术为基础，加载 GeoSOS（地理模拟优化系统）和 FLUS（Future Land Use Simulation，未来土地利用模拟）插件，对三江源国家公园土地利用和空间格局进行优化。同时利用地理加权回归，对影响三江源国家公园生态保护和牧民增收耦合协调度的影响因子进行分析。

三 研究思路

按照“水平测度—影响因素—主体行为—空间优化”的系统思维，以“现状分析→要素识别→作用机理→优化调节→机制构建”为研究主线，系统研究三江源国家公园人地关系协调问题，分析其空间冲突水平及影响因素，揭示内部作用机理和主体行为策略，构建合理有效的协调机制。

（一）分层抽选样本

采取分层抽样和简单随机抽样相结合的方式，覆盖三江源国家公园所在地 4 个县 12 个乡镇 53 个村，按保守方法计算从研究区拟抽取的样本村和拟调查的样本户数，尽可能做到样本充足、代表性强、覆盖面广。

（二）数据收集处理

采取政府部门调取、村组干部访谈、问卷调查等方法，收集三江源国家公园生态保护和牧民增收的相关资料。生态保护及牧民收入、发展资源、社会保障、劳动技能、家庭资产等资料向政府有关部门调取及进村入户现场收集；地理空间信息资料向国土部门调取。对所获取的数据资料通过 Arcgis10.8、Stata、Lingo 以及 Geo SOS 等软件进行处理。

（三）指标体系构建

借鉴国内外相关理论和中共中央、国务院要求，结合三江源国家公园功能定位，构建包括水土资源保护、生物多样性保护、绿色发展方式、健康保障能力、家庭增收能力、资产积累能力以及竞争合作能力等要素的指标体系。采用层次分析法和熵值法相结合的组合赋权方式，确定指标权重，进而对三江源国家公园人地关系耦合状况进行评价。

（四）影响因素分析

以政府生态治理能力、资源依赖程度、人均可支配收入为自变量，构建回归模型，先后分别用普通最小二乘法和地理加权回归法，探讨三江源国家公园生态保护与牧民增收空间冲突的影响因素。并在此基础上探讨其中介效应和调节效应，揭示三江源国家公园人地关系空间冲突的作用机理。

（五）利益主体行为博弈分析

从三江源国家公园管理局、属地县政府和当地牧民的职责出发，分析其可能采取的多种行为，进而分析三者可能在三江源国家公园生态保护与牧民增收行为上的协作关系和利益冲突关系，在此基础上构建博弈三方的收益矩阵，分析三方主体在三江源国家公园人地关系行为上的稳定策略。

（六）三江源国家公园土地利用空间格局优化

以三江源国家公园总体效益为优化目标，利用 Lingo 软件，在土地总量约束、规划目标约束、功能分区约束和开发强度约束及城乡用地比例约束的条件下，求取自然演变、经济优先和生态优先三种情景下的土地利用优化结构，并通过 MOP 和 Geo SOS-FLUS 模型进行土地利用结构和空间布局优化。

（七）三江源国家公园人地共生协调机制构建

以生态保护与牧民增收耦合度为基础，构建二者协调发展水平定期监测评估体系，分析影响二者协调发展的主要因素，在此基础上统筹生态保护与牧民增收的经济、社会、文化等资源，形成“协调水平定期监测—影响因素精准识别—现实路径积极探讨—配套政策及时出台”的动态机制，推动其协调发展。

四　可能的创新点

（一）本书创新性提出了三江源国家公园人地关系空间冲突及共生协调的科学问题

以三江源国家公园人地关系空间冲突及作用机理为研究对象，揭示国家公园人地关系空间冲突及共生协调发展规律，为国家公园管理、生态保护、共同富裕理论研究提供了新视角。

（二）本书创新性构建了三江源国家公园人地关系评价指标体系并进行了量化分析

通过三江源国家公园人地关系内部作用机理，土地利用和空间格局的优化，为缓解国家公园人地关系失衡、促进系统耦合提供优化方案，可以为国家公园建设及管理创新提供决策参考。

（三）本书综合运用经济学、管理学、地理学等多种方法研究人地冲突与协调问题

采用演化博弈模型、耦合度模型、GIS、GeoSOS_ FLUS 等多种研究方法，探讨三江源国家公园人地关系空间冲突及协调机制，为研究的可靠性和结论的科学性提供了有力的方法支撑。

第四节　技术路线

按照“数据收集—问题诊断—因子探测—机理分析—优化调整”的思路，围绕“空间数据库形成”“耦合度测量”“主导因子识别”“内在规律探讨”“协调机制构建”等关键问题，采用定性与定量的研

究方法，对三江源国家公园人地共生协调机制等相关问题进行了研究（见图 1-1）。

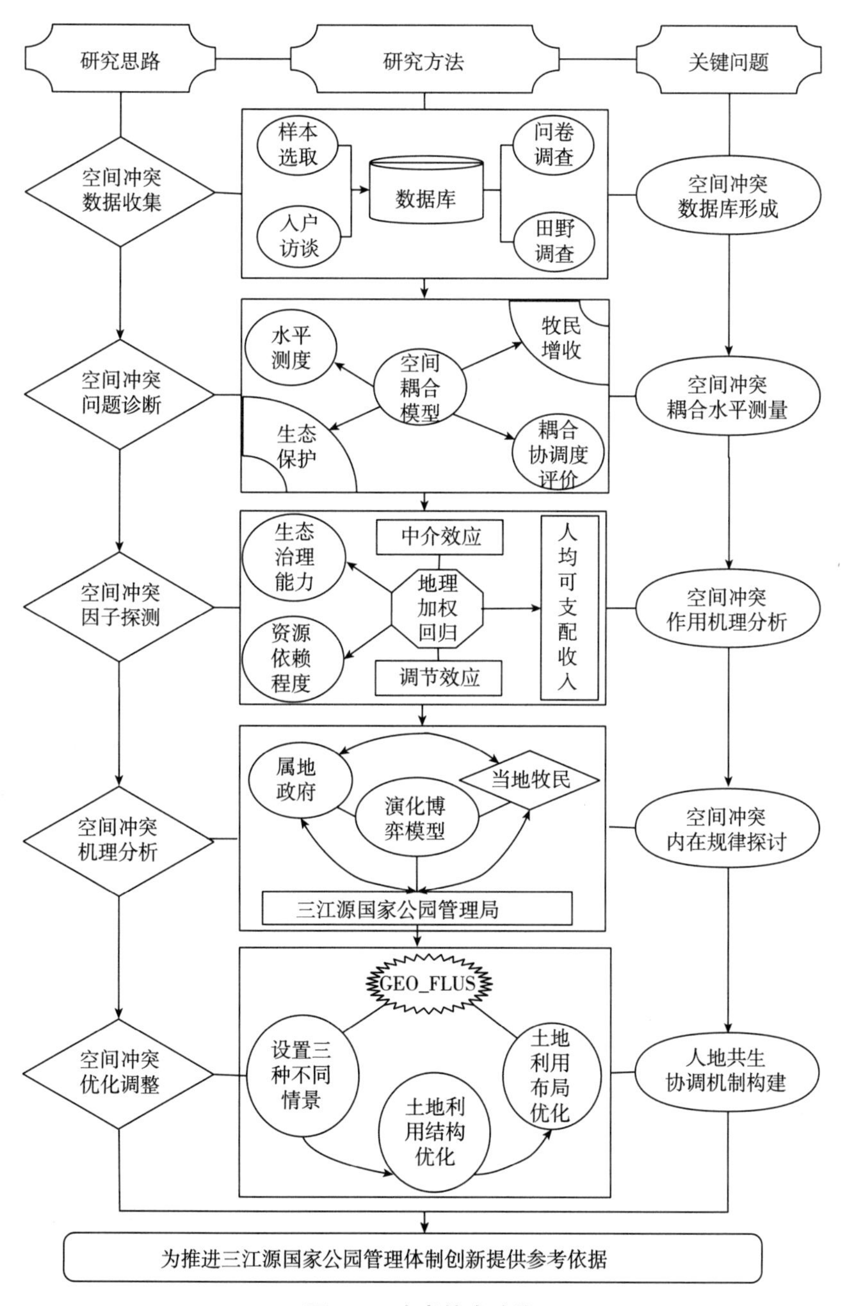

图 1-1 本书技术路线

第五节　本章小结

本章阐述了三江源国家公园生态保护及牧民增收协调机制研究的重要意义，介绍了国内外相关成果，确定了指标体系构建、影响因素识别、空间格局优化、协调机制建立等研究内容，并以科学问题为导向制定了研究技术路线，总结了可能存在的创新点，为进一步深入探讨奠定了良好基础。

第二章

理论基础与研究框架

生态服务系统和经济发展系统是三江源国家公园的两个主要子系统，二者分别承担着生态产品生产的生态保护功能和经济产品提供的牧民增收功能。这两个子系统既相互依存、相互作用、相互影响，又处于长期共存、不断冲突、不断耦合的动态过程。这种对立统一关系，构成了本书的理论基础和逻辑起点。

第一节　概念界定

一　国家公园

根据世界自然保护联盟（IUCN）的定义，国家公园指为当代和后代提供一个或更多完整的生态系统，其中排除任何有损于保护地管理的开发与占有行为，它既是用于生态系统保护的保护地，也是为民众提供精神、科教、游览及娱乐服务的基地。[①] 美国将国家公园定义为：由国家政府宣布作为公共财产而划定的以保护自然、文化和民众休闲为目的的区域。[②] 彭红松等认为，中国国家公园应该同时满足以下 3 个条件：具有国家级代表性的自然遗产或自然与文化混合遗产；符合自然生态系统完整性、天然性、原始性、珍稀性、独特性的要求；具备一定的公众可进入性，能够提供公益性的国民教育和游憩机会。[①]中共中央办公厅、

① 彭红松等：《中国国家公园体制建立的若干思考》，《安徽师范大学学报》（自然科学版）2016 年第 6 期。

② 唐芳林：《国家公园定义探讨》，《林业建设》2015 年第 5 期。

国务院办公厅印发的《建立国家公园体制总体方案》（中办发〔2017〕55号）中将国家公园界定为："国家公园是指由国家批准设立并主导管理，边界清晰，以保护具有国家代表性的大面积自然生态系统为主要目的，实现自然资源科学保护和合理利用的特定陆地或海洋区域"。[①] 本书遵从中办发〔2017〕55号文件对国家公园的界定。

二 生态保护

生态保护是指人类对生态环境（包括自然生态环境、农业生态环境和城市生态环境）有意识的保护，关键是遵循生态规律，应用生态学的理论和方法，研究并解决人与生态环境相互影响的问题，协调人与生物圈之间的相互关系。[②] 生态保护对象包括生物多样性保护、自然资源保护、自然生态系统保护、自然保护区的建设与管理等以及在自然生态环境基础上发展起来的农业生态环境保护和城市生态环境保护的部分内容。[①]《三江源国家公园总体规划》（发改社会〔2018〕64号）将三江源国家公园生态保护任务细化为："山水林田湖草生态系统得到严格保护……水土资源得到有效保护，生态服务功能不断提升；野生动植物种群增加，生物多样性明显恢复"。[③] 本书以《三江源国家公园总体规划》为依据，考察三江源国家公园范围内的生态保护行为。

三 共同富裕

共同富裕是社会主义的本质要求，是中国式现代化的重要特征。[④] 共同富裕是全体人民共同富裕，是人民群众物质生活和精神生活都富裕，不是少数人的富裕，也不是整齐划一的平均主义。[③]促进共同富裕，要把握鼓励勤劳创新致富、坚持基本经济制度、尽力而为、量力而行和坚持循序渐进四大原则；要提高发展的平衡性、协调性、包容性，着力扩大中等收入群体规模，促进基本公共服务均等化，加强对高收入的规范和调节，促进人民精神生活共同富裕，促进农民农村共同富裕。[③]共同富裕实质是全体人民共创共享日益美好的生活，具有政治、经济和社

---

① 中共中央办公厅、国务院办公厅：《建立国家公园体制总体方案》，《生物多样性》2017年第10期。

② 孔繁德主编：《生态保护》，中国环境科学出版社2005年版。

③ 国家发改委：《发展改革委关于印发三江源国家公园总体规划的通知》，中华人民共和国中央人民政府网站，http：//www. gov. cn/xinwen/2018-01/17/content_ 5257568. htm.

④ 习近平：《扎实推动共同富裕》，《实践》（思想理论版）2021年第11期。

会三个层面的内涵，即国强民共富的社会主义社会契约、人民共创共享日益丰富的物质财富和精神成果、中等收入阶层在数量上占主体的和谐而稳定的社会结构。[①] 共同富裕是社会整体进入富裕社会、是全体人民都富裕，而不是少数人的富裕、是物质富裕与精神富裕的统一，是生活丰裕、生态优美、社会和谐、公共服务体系完善的富裕，是消除了两极分化但存在合理差距的普遍富裕。[②] 本书赞同上述学者对共同富裕的界定。

四 空间冲突

空间冲突源于空间数量的有限与社会需求的无限之间的失衡。“冲突”是社会学概念，是指行为主体之间因某种因素而导致的对立的心理状态或行为过程，包括显性冲突和隐性冲突。[③] 经济学中“空间冲突”多指空间资源供给能力与空间资源需求水平之间的对立，是多个群体或个体之间利益诉求的空间外在化表现。[④] 生态学中“空间冲突”多指空间资源开发利用与区域生态环境保护之间的对立。地理学中的“空间冲突”的基本指向在于不同类型的地理空间在结构比例、空间组合以及相互转化过程中的不协调。[⑤] 空间冲突就是在空间资源竞争过程中产生，由于空间资源稀缺性和空间功能外溢功能导致的，在各利益相关者之间产生的矛盾和冲突，包括空间经济冲突、空间生态冲突、空间社会冲突及空间复合冲突。[⑥]本书研究的三江源国家公园生态保护与牧民增收的空间冲突兼具生态学和地理学特征，是一种较为典型的空间冲突形态。

五 人地共生

维尔纳茨基提出，人类始终都在改造着自然，但“技术圈应当遵

---

① 刘培林等：《共同富裕的内涵、实现路径与测度方法》，《管理世界》2021 年第 8 期。

② 李军鹏：《共同富裕：概念辨析、百年探索与现代化目标》，《改革》2021 年第 10 期。

③ 曾蕾、杨效忠：《地理学视角下空间冲突研究述评》，《云南地理环境研究》2015 年第 4 期。

④ 程进：《我国生态脆弱民族地区空间冲突及治理机制研究——以甘肃省甘南藏族自治州为例》，博士学位论文，华东师范大学，2013 年。

⑤ 周国华、彭佳捷：《空间冲突的演变特征及影响效应——以长株潭城市群为例》，《地理科学进展》2012 年第 6 期。

循生物圈的组织原则，补充生物圈，并作为统一的运动体系的组成部分”，进而形成技术圈与生物圈的共生。① 索恰瓦提出，所谓人与自然的共同创造是指人类对于提高自然力的有益作用的努力，使潜藏在自然界中的一切有益的可能性得到发挥。② Bennett 和 Chorley 认为，自然系统和社会系统的相互关系分为调节和共生；人类对长时间、大范围和大规模的能流和物流没有能力调节，而只有通过共生来实现人类与自然界的和平共处，即协调共生。③ 潘玉君和李天瑞提出，人类与地理环境共生应当是人类社会使自然结构、社会结构和经济结构互相促进，不断为自己的发展创造有利条件，不应当只顾眼前利益而破坏地理环境的结构和功能；随着人们认识水平和科学技术的进步，不断从自然界取得更多的物质财富，又不断与自然界一起共同创造出更适合人类生活的次生地理环境，从而形成“人与自然界的新的同盟”。④ 本书研究的三江源国家公园人地共生问题符合潘玉君和李天瑞关于人地共生的界定。

六　协调机制

“协调”在系统学、控制论、经济学、管理学等多个领域被广泛使用。在系统科学里，它可理解为系统的自适应和协同；在社会学中意味着互惠合作；在经济学里被认为是“看不见的手”、“看得见的手”，或者是制度及制度环境；在管理科学中，协调作为管理的一种重要职能，成为跨越各种职能的核心要素。协调除作为调节手段或管理控制的职能外，有时也用来描述系统及要素之间的融合状态（关系）。⑤ “机制”原指机器运转过程中的各个零部件之间的相互联系、互为因果的联结关系及运转方式，后来被广泛应用于医学、社会学及经济学等多个领域，指系统内部各部分相互联系、相互作用所产生的促进、维持、制约系统运行的内在工作方式，是系统内部的一组特殊的约束关系，它通过控

---

① 肖晶波、张明雯：《维尔纳茨基及其智慧圈》，《哈尔滨师范大学自然科学学报》2006 年第 4 期。

② 索恰瓦：《地理系统学说导论》，商务印书馆 1991 年版，第 40—54 页。

③ Bennett R. J. , Chorley R. J. , *Environmental Systems: Philosophy, Analysis and Control*, New Jersey: Princeton University Press, 2015, pp. 25-46.

④ 潘玉君、李天瑞：《困境与出路——全球问题与人地共生》，《自然辩证法研究》1995 年第 6 期。

⑤ 常宏建：《项目利益相关者协调机制研究》，博士学位论文，山东大学，2009 年。

制、引导和激励选择、实现组织目标。[①]协调机制指社会成员或组织活动的协调方式，主要包括行政协调机制、市场协调机制、自律协调机制、道德协调机制和家庭协调机制。[①] 本书研究的三江源国家公园人地共生协调机制涉及行政协调、市场协调、自律协调等多个协调机制。

第二节 相关理论

一 生态文明建设理论

生态文明是人类历经原始文明、农业文明、工业文明之后的一个崭新的文明形态，它尊重自然，强调树立尊重自然、顺应自然、保护自然，要求人与自然和谐相处。[②] 中国共产党坚持马克思主义关于人与自然必须和谐相处的基本思想，从中国社会主义建设的实际出发，树立了五大发展新理念，构建了“五位一体”总体布局，逐步构建起以习近平新时代生态文明建设思想为主要成果的生态文明建设理论，丰富了社会主义生态文明建设理论。生态文明建设理论的内容主要包括：有关“绿水青山就是金山银山”的重要论述、有关人与自然和谐共生的重要论述、有关人与自然是生命共同体的重要论述、有关良好生态环境的民生本质的重要论述、有关共谋全球生态文明建设的重要论述。[③] 生态文明建设实践上的具体要求包括：一是在经济领域，要坚持发展绿色经济，转变经济发展方式；二是在政治领域，坚持转变政府职能，完善自然资源环境管理体制改革；三是在社会领域，坚持改善民生问题，推动以社会公平为目标的社会改革；四是在文化领域，坚持绿色文化，推动人地和谐发展的文化改革[④]。（见图 2-1）

---

① 刘欣：《协调机制、支配结构与收入分配：中国转型社会的阶层结构》，《社会学研究》2018 年第 1 期。

② 孙雷：《皖江城市带承接产业转移示范区经济—社会—环境协调发展研究》，博士学位论文，中国科学技术大学，2020 年。

③ 马德帅：《习近平新时代生态文明建设思想研究》，博士学位论文，吉林大学，2019 年。

④ 魏超：《基于生态文明理念的国土空间利用协调发展研究》，博士学位论文，中国地质大学，2019 年。

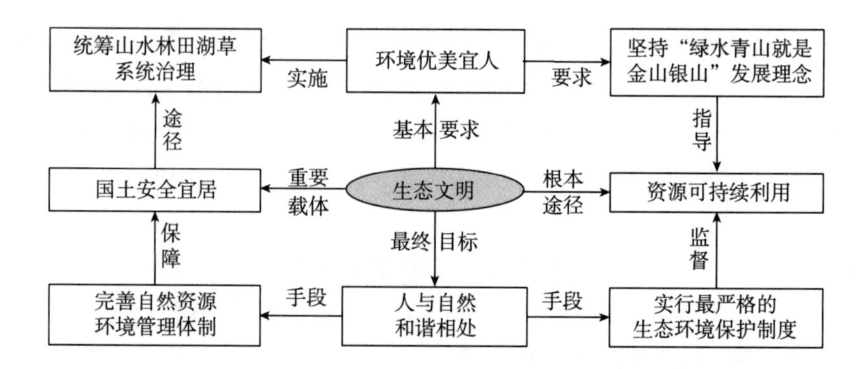

图 2-1　生态文明建设理论的架构

二　可持续生计理论

世界环境和发展委员会（WCED）最早提出可持续生计概念，Chambers 和 Conway 对其内涵进行了阐述，认为“可持续生计”是指“能够应对，并在压力和打击下得到恢复，在当前和未来保持乃至加强其能力和资产，同时又不损害环境资源基础的生计方式”。[①②] Scoones[③] 和 Farrington 等[④]将可持续生计理论进行系统化，并提出研究框架。之后，Sen 提出了较为系统的“可行能力”概念。英国国际发展署（DFID）基于上述研究成果和“资本—能力”理论，建立了可持续性农户生计框架（SL）（见图 2-2），并被广泛应用于国际扶贫领域。Smith 等、[⑤] Soini、[⑥] Hahn 等、[⑦]

---

① Chambers R.，Conway G.，*Sustainable Rural Livelihoods：Practical Concepts for the 21st Century*，London：Institute of Development Studies（UK），1992，p. 105.

② 张军以等：《环境移民可持续生计研究进展》，《生态环境学报》2015 年第 6 期。

③ Scoones I.，*Sustainable Rural Livelihoods：a Framework for Analysis*，Brighton：IDS，1998.

④ Farrington J.，et al.，*Sustainable Livelihhods in Practice：Early Applications of Concepts in Rural Areas*，London：ODI，1999.

⑤ Smith D. R.，et al.，“Livelihood Diversification in Uganda：Patterns and Determinants of Change across Two Rural Districts”，*Food Policy*，Vol. 26，No. 4，2001，pp. 421-435.

⑥ Soini E.，“Land Use Change Patterns and Livelihood Dynamics on the Slopes of Mt. Kilimanjaro，Tanzania”，*Agricultural Systems*，Vol. 85，No. 3，2005，pp. 306-323.

⑦ Hahn M. B.，et al.，“The Livelihood Vulnerability Index：A Pragmatic Approach to Assessing Risks From Climate Variability and.，Change—A Case Study in Mozambique”，*Global Environmental Change*，Vol. 19，No. 1，2009，pp. 74-88.

Singh 等、[①] 张峻豪和何家军、[②] 田宇和丁建军、[③] 孙晗霖等[④]等国内外学者运用可持续生计分析方法对生计多样性、土地利用与农户生计、生计脆弱性、生计安全、能力再造、“人—业—地”综合贫困、生计策略对精准脱贫的影响等进行多方面研究。

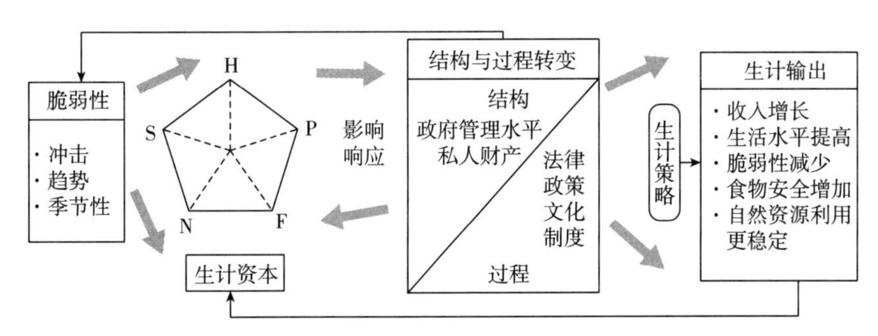

符号含义：H：人力资本；P：物化资本；F：金融资本；N：自然资本；S：社会资本

图 2-2 可持续生计框架

由图 2-2 可知，可持续生计分析框架由脆弱性、生计资本、结构和过程转变、生计策略和生计输出 5 个部分组成。脆弱性指农户面临的意外冲击、外部趋势和季节性变化等；生计资本，包括社会资本、自然资本、金融资本、物质资本、人力资本；政策和制度指影响脆弱性和资本利用、生计活动的相关制度；生计策略指农户采取的不同类型的生计行为组合；生计输出，指贫困农户实施的生计策略所产生的生计结果。这一分析框架把分析贫困和解决贫困的路径集成到一个分析框架之内，注重贫困人口的响应和参与，注重增强贫困人口能力，强调生计的整体

---

① Singh P. K., Hiremath B. N., "Sustainable Livelihood Security Index in a Developing Country: A tool for Development Planning", *Ecological Indicators*, Vol. 10, No. 2, 2010, pp. 442-451.

② 张峻豪、何家军：《能力再造：可持续生计的能力范式及其理论建构》，《湖北社会科学》2014 年第 9 期。

③ 田宇、丁建军：《贫困研究的多学科差异、融合与集成创新——兼论综合贫困分析框架再建》，《财经问题研究》2016 年第 12 期。

④ 孙晗霖等：《生计策略对精准脱贫户可持续生计的影响有多大？——基于 2660 个脱贫家庭的数据分析》，《中国软科学》2020 年第 2 期。

性、多层次性、可持续和动态性。①

三　空间冲突理论

“空间冲突”是社会学与地理学相结合而形成的概念。空间冲突是在人地关系作用过程中出现的空间资源分配对立现象，是一种空间竞争、矛盾、不协调、不和谐的空间关系。② 其客观原因是空间资源有限性，社会原因是社会需求在空间资源利用上的利益重叠，驱动因素是空间功能的外溢性⑧。空间冲突的作用强度将随着冲突的演变过程而动态变化，其可控性分为稳定可控、基本可控、基本失控和严重失控 4 个层次⑧。在空间冲突潜伏阶段，冲突属于稳定可控级别，空间冲突对区域发展并未产生负面影响；随着冲突的逐渐升级，冲突升级至基本可控级别，但其负面效应尚不明显；当空间冲突突破可控级别临界值，区域的稳定状态开始被打破，冲突则发展至基本失控级别，各类冲突问题日益凸显；若冲突进一步恶化，区域发展呈现失衡状态，冲突上升至严重失控级别，空间冲突完全爆发；冲突爆发后，各利益相关者均受到不同程度的损害，各类强制调控措施开始介入，进而逐步化解冲突，使空间发展恢复稳定。③ 空间冲突一旦升级至失控级别，必将产生一系列负面效应，主要包括空间资源失配（资源的综合效益无法实现最大限度发挥造成空间资源浪费）、空间开发失序（各类用地空间布局混乱）、生态系统失衡（区域生态安全受到严重威胁）、社会发展失稳（社会群体结构出现“断裂”对社会稳定构成潜在威胁）④（见图 2-3）。

四　演化博弈理论

博弈论是对个体间行为的一种预测，从而根据预测实现策略调整与升级的理论。⑤ 博弈理论基本要素为局中人、策略、得失和均衡。根据

---

① 张军以等：《环境移民可持续生计研究进展》，《生态环境学报》2015 年第 6 期。

② 周国华、彭佳捷：《空间冲突的演变特征及影响效应——以长株潭城市群为例》，《地理科学进展》2012 年第 6 期。

③ 陈晓芳：《城市化进程中土地冲突管理的理论分析与机制设计》，硕士学位论文，华中科技大学，2008 年。

④ 周国华、彭佳捷：《空间冲突的演变特征及影响效应——以长株潭城市群为例》，《地理科学进展》2012 年第 6 期。

⑤ 王天琪：《民族地区农地流转主体行为研究——以宁夏为例》，博士学位论文，宁夏大学，2019 年。

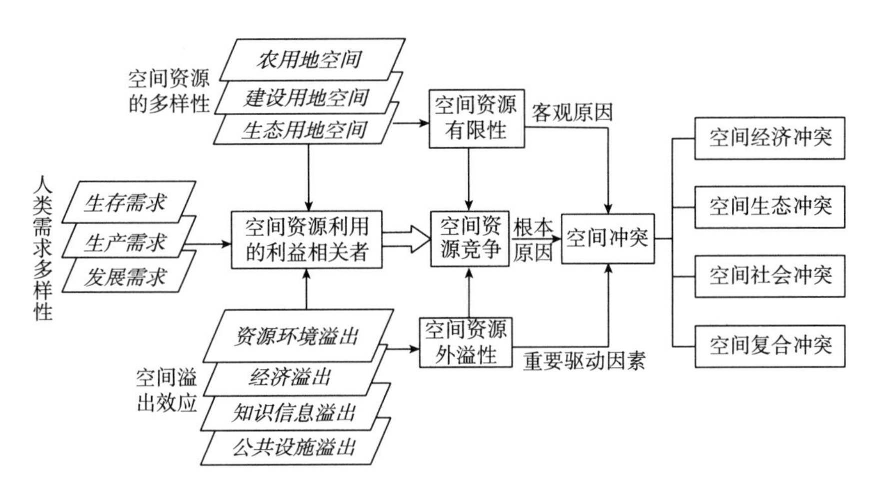

图 2-3 空间冲突形成原因及分类

博弈要素与规则形成的不同，大体上分成三种类型，即静态博弈与动态博弈、合作博弈与非合作博弈、完全信息博弈与不完全信息博弈。演化博弈论就是在传统博弈论的基础上，吸收生物进化论、基因论等思想，以演化思想分析经济现象，在信息不完全的前提下，有限理性个体/群体通过观察其他个体决策，感受外部环境，不断学习、试错、调整、优化自身决策，经过一系列的动态过程，最终做出最优决策。演化博弈论与传统博弈理论不同，演化博弈理论并不要求参与人是完全理性的，也不要求完全信息的条件。演化博弈论将重点放在静态均衡和比较静态均衡上，强调的是一种动态的均衡。演化博弈理论最早源于遗传生态学家对动物和植物的冲突与合作行为的博弈分析。但直到 Smith 和 Price 首次提出演化稳定策略（Evolutionary Stable Strategy）[①] 概念以后，才标志着演化博弈理论的正式诞生。生态学家 Taylor 和 Jonker 在考察生态演化现象时首次提出了演化博弈理论的基本动态概念——复制者动态（Replicator Dynamic），[②] 这是演化博弈理论的又一次突破性发展。复制者动态（RD）是动态微分分析方法，目前被广泛应用于研究利益相关

① Smith J. M., Price G. R., "The Logic of Animal Conflict", *Nature*, Vol. 246, No. 5427, 1973, pp. 15-18.

② Taylor P. D., Jonker L. B., "Evolutionary Stable Strategies and Game Dynamics", *Mathematical Biosciences*, Vol. 40, No. 1, 1978, pp. 145-156.

者的战略稳定性，即一个策略在博弈过程中获得的收益大于其他策略的平均收益，并且能够通过反复博弈演变为稳定策略。演化博弈相比传统博弈能够解释利益相关者在长期内如何实现均衡，利益相关者可以通过比较其他博弈群体的策略选择，对自己的行为进行调整，被广泛应用于数学领域、经济学领域，范围不断扩大。①

五　共生理论

德贝里首次提出“共生”概念，用以解释不同种类的生物密切地生活在一起相互作用的现象。② 1950 年以后，Caullery 和 Lewils 将共生理论引入社会领域，③ 用于解释人与自然之间的共生关系以及人类社会内部的共生关系。④ 20 世纪 90 年代，我国学者袁纯清开始运用共生理论研究小型经济。⑤ 共生包括共生单元、共生模式和共生环境三个构成要素，共生单元在共生环境中相互作用形成的共生模式，包括寄生、模仿、偏害共生、偏利共生与互惠共生，其中互惠共生是最理想、最稳定的共生模式。⑥ 在有机体相互作用、相互竞争、共同进化的过程中，共生关系按照“寄生—单方受益—相互受益”次序，不断加强互惠。⑦ 依据共生理论，整个自然界作为一个共生系统，生活在其中的人与自然界是一种寄生—宿主的共生关系，人以自然为基础，必须与自然界其他生物相互依赖、相互作用，在合理限度内相互竞争，才能形成地球生态系统的和谐共生关系。⑧ 人对于自然生成的促进又进一步地使自然促进了

---

① Anastasopoulos, et al., “The Evolutionary Dynamics of Audit”, *European Journal of Operational Research*, Vol. 216, No. 2, 2012, pp. 469–476.

② Douglas A. E., *The Symbiotic Habit*, New Jersey: Princeton University Press, 2010, pp. 5–12.

③ 金圆恒：《云南墨江哈尼族自治县多语种地名空间分布及其演变研究》，博士学位论文，云南师范大学，2022 年。

④ 鲁冰清：《论共生理论视域下国家公园与原住居民共建共享机制的实现》，《南京工业大学学报》（社会科学版）2022 年第 2 期。

⑤ 袁纯清：《共生理论——兼论小型经济》，经济科学出版社 1998 年版，第 1—8 页。

⑥ 李一丁：《整体系统观视域下自然保护地原住居民权利表达》，《东岳论丛》2020 年第 10 期。

⑦ Paracer S., Ahmadjian V., *Symbiosis: An Introduction to Biological Associations*, Oxford: Oxford University Press, 2000, p. 12.

⑧ 鲁冰清：《论共生理论视域下国家公园与原住居民共建共享机制的实现》，《南京工业大学学报》（社会科学版）2022 年第 2 期。

人的生成，这使人与自然的相互生成进入一种良性循环，从而生成一个新世界。[①] 方创琳认为，人既要适应和影响地理环境，又受地理环境的支持与制约，人地关系靠不断向其内输入低熵能量物质和信息，产生负熵流而得以维持，需要把人类活动系统的熵产生降至最低，把地理环境系统提供负熵的能力提至最高，才能创造一个区域人地关系协调共生的系统（见图 2-4）。[②]

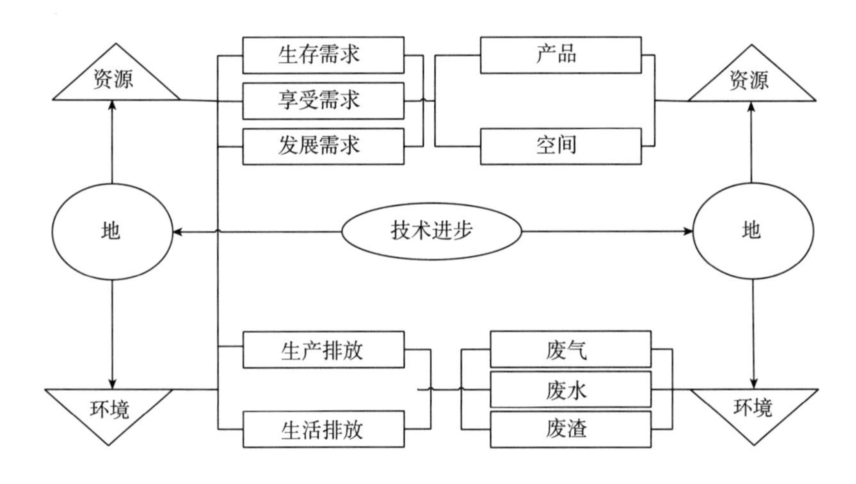

图 2-4 人地共生动力源—汇示意

六 可持续发展理论

可持续发展源于 20 世纪 80 年代的“绿色运动”，可持续发展的概念和模式由世界环境与发展委员会（WECD，1987）在《我们的共同未来》报告中正式提出，强调“可持续发展既要满足当代人发展的需要而又不牺牲下一代人满足他们需要的能力。”可持续发展理论要求协调经济社会发展与资源环境的关系，其实质是人与自然的协调发展。[③] 联合国环境与发展大会（1992）上共同签署的《21 世纪议程》，标志着可持续发展理念得到了全球的普遍认可。《中国 21 世纪议程—中国 21 世纪人口、环境与发展白皮书》系统阐述了可持续发展总体战略及行

① 彭富春：《从天人合一到天人共生》，《湖北社会科学》2022 年第 3 期。
② 方创琳：《区域发展规划的人地系统动力学基础》，《地学前缘》2000 年第 2 期。
③ 郑度：《中国 21 世纪议程与地理学》，《地理学报》1994 年第 6 期。

动措施，是中国可持续发展实施的纲领性文件。可持续发展是一个极其复杂的巨大系统，是生态、社会、环境三大子系统的彼此协调、持续进步的发展，这三大系统之间的相关关系构成了可持续发展的基本内涵。可持续发展理论的主要内容有：①生态可持续发展。经济和社会发展不能超越资源和环境的承载能力。②经济可持续发展。改变传统的以“高投入、高消耗、高污染”为特征的生产模式和消费模式，依靠科学技术进步，实施清洁生产和文明消费，以提高经济活动中的效益、节约资源和减少废物。③社会可持续发展。可持续发展强调社会公平是环境保护得以实现的机制和目标。[①] 可持续发展主要研究基础包括环境承载力理论、环境价值理论和协调发展理论。[②] 协调发展是可持续发展的重要内容，它融合了协调与发展的特征，是系统或系统内在要素之间内在和谐一致、配合得当，在良性循环的基础上系统由低级到高级、由简单到复杂、由无序到有序的演变过程。[③] 协调发展具有系统性、层次性、动态性等特征，强调通过经济、社会、环境等各个子系统相关协调，不断向最理想的状态发展，达到当前技术上最高协调发展水平。[④]

第三节　整体研究构架

一　理论前提

（一）生态系统具有生态保护和经济发展的双重功能

生态服务系统和经济发展系统是三江源国家公园生态系统的两个主要子系统，二者分别承担着生态产品生产的生态保护功能和经济产品提供的牧民增收功能。生态服务系统通过维护生态平衡，承担着增进生态涵养、改善环境质量、治理水土流失、保持生物多样性等功能；经济发

---

① 孙雷：《皖江城市带承接产业转移示范区经济—社会—环境协调发展研究》，博士学位论文，中国科学技术大学，2020 年。

② Charles D. K.：《环境经济学（第二版）》，中国人民大学出版社 2016 年版，第 156—167 页。

③ 杨士弘：《广州城市环境与经济协调发展预测及调控研究》，《地理科学》1994 年第 2 期。

④ 王永卿：《湖北省矿产资源开发与生态建设协调发展研究》，博士学位论文，中国地质大学，2019 年。

展系统通过提供发展资源，承担着生态资源转化、生态价值发掘、产业结构转型、牧民增收能力提升等功能。这两个子系统既相互依存、相互作用、相互影响，又处于长期共存、不断冲突、不断耦合的动态过程。

（二）生态系统生态保护和经济发展功能存在一定冲突性和内在协调性

一方面，从空间冲突理论视角考察，在退耕（牧）还田（草）、生态移民搬迁的条件下，生态保护功能要求尽可能减少生态资源的开发和破坏，全面履行生态安全屏障职能，而经济发展功能要求合理地利用当地资源禀赋，解决好当地牧民增收和能力贫困问题。由于资源的稀缺性和功能排斥，导致二者存在一定的资源利用空间冲突。另一方面，从可持续发展理论视角分析，二者具有内在的协调一致性。加强生态保护，提供优质生态产品并有效形成生态资源，是实现可持续发展的生态基础；同时牧民增收要求尽量摆脱对生态资源的直接依赖，通过产业转型升级、居民素质提升、增收渠道拓展为生态保护创造条件。采取设立生态管护岗位、发展生态经济等方式，可以有效缓解二者空间冲突，实现协调发展（见图 2-5）。

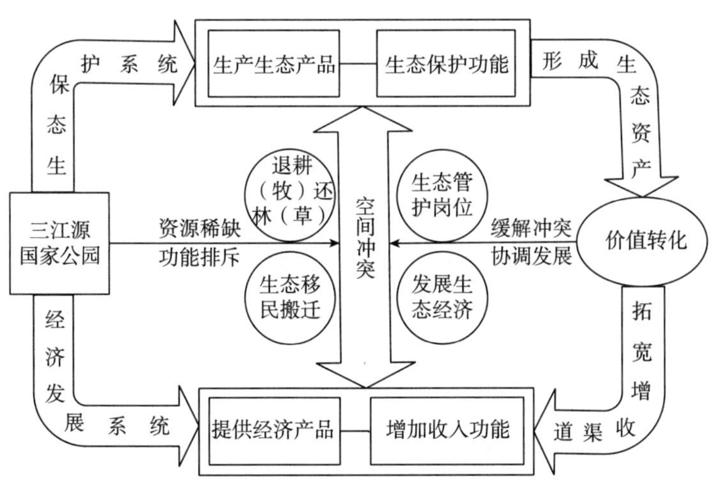

图 2-5　三江源国家公园生态保护与牧民增收空间冲突与耦合协调示意

（三）三江源国家公园坚持生态保护第一原则

国家公园的首要原则和基本理念是生态保护第一，生态保护功能具有压倒性的主体地位，主要目标是加强自然生态系统原真性、完整性保护，形成自然生态系统保护的新体制新模式。三江源地区是“中华水塔”，生态地位十分特殊，生态建设任务迫切。生态保护是三江源国家公园建设的第一要务。必须全面维护三江源国家公园生态系统完整性，保护好三江源地区丰富的景观类型，保护三江源世界高海拔地区生物多样性显著特点，提升三江源国家公园的生态服务功能，确保“一江清水向东流”，整体推动三江源国家公园生态系统原真性和整体性的实现，打造青藏高原生态文明高地。

（四）三江源国家公园当地牧民生计的资源依赖程度较高

三江源国家公园当地牧民以传统的畜牧养殖产业为主，90%的牧民长期从事畜牧业生产，畜牧业是牧民最为基础性的产业，牧民日常生活中必需的肉、酥油、奶、燃料（牛粪）等均来自畜牧业。① 当前，牧民对当地的自然资源的依赖程度较高，可替代生计策略比较受限。牧民的生计往往局限于畜牧业的生产以及草原上蘑菇、虫草等的简单采集，生计趋向单一化，导致牧民选择生态保护行为后对抗风险的能力下降。其中，长江源园区、黄河源园区牧户主要收入来源为畜牧业收入和国家补助；澜沧江园区农牧民除畜牧业收入和国家补助外，虫草为主要收入来源，占收入的60%—70%。②

（五）生态保护与牧民增收协调发展是三江源国家公园必须解决的重大问题

国内外自然保护地实践经验表明，生态脆弱区的生态环境治理，必须与人的生计改善做配合。三江源国家公园坚持生态保护第一，当其他功能的发挥影响到生态保护时，要服从和服务于生态保护。但三江源国家公园所在地经济比较落后，当地牧民生活比较困难，大多数刚刚脱贫，需要全面提升增收能力，使当地牧民从生态保护中获益，从国家公园建设中增收。因此，需要兼顾生态保护和牧民增收，在保护好自然资源的前提下，使牧民群众从放牧员、畜牧业的经营者转变为生态管护

① 李明、吕潇俭：《国内外国家公园原住居民生计研究对三江源国家公园建设的启示》，人民网，http：// qh. people. com. cn/n2/2020/0427/c182775-33979438. html.

② 赛杰奥：《社区参与：三江源国家公园生态保护与生计和谐发展的新篇章》，网易新闻，https：// www. 163. com/dy/article/GRQQA2H30512TRKA. html.

员、生态文明建设者，实现人与自然和谐共生。

（六）三江源国家公园生态保护与牧民增收的空间冲突与协调需要深入研究

在国家公园建设管理过程中，各利益相关者的长远利益是趋向一致的，但短期内可能存在一定的矛盾冲突，应构建各利益主体的利益协调机制。当前三江源国家公园通过设置生态管护公益岗位、落实生态补偿政策、开展农牧民培训和特许经营试点等举措，初步探索了“表达+协商、分配+补偿、监督+反馈、保障+激励”的利益协调机制，建立了园区内牧民群众参与三江源国家公园建设的渠道和经营收益分配机制。但是三江源国家公园生态保护与牧民增收协调发展的长效机制的内在规律还需要深入探讨，人地共生机制运行方式还需要进行不断优化。

二 理论假设

在上述理论框架下，本书提出以下假设：

（一）假设一：三江源国家公园生态保护与牧民增收存在一定程度的空间冲突

秦静等认为，经济快速增长不可避免地造成资源短缺、环境污染等生态问题。[①] 蒋蓉等指出，城市无序扩展引发了环境污染、生态破坏等城市病。[②] 成金华认为，长江经济带建设中解决发展中的生态环境保护问题，协调经济发展与生态保护矛盾，既是重点也是难点。[③] 由于三江源国家公园当地牧民生计的资源依赖性较强，三江源国家公园建设中生态保护行为可能对当地牧民的生计造成影响。因此，本书提出第一个理论假设：三江源国家公园生态保护与牧民增收存在一定程度的空间冲突。

（二）假设二：三江源国家公园生态保护与牧民增收空间冲突在地理空间上分异明显

王昱、吴学泽等认为，自然地理条件是影响区域经济发展差异空间

① 秦静等：《京津冀协同发展下生态保护与经济发展的困境——基于天津生态红线的思考》，《理论与现代化》2015 年第 5 期。

② 蒋蓉等：《大城市生态保护与经济发展的矛盾及规划应对——成都市中心城区非城市建设用地规划探讨》，《城市规划》2020 年第 12 期。

③ 成金华：《如何破解长江经济带经济发展与生态保护矛盾难题——评〈长江经济带：发展与保护〉》，《生态经济》2022 年第 3 期。

格局的最主要原因之一。[1][2] 根据三江源国家公园空间规划，三江源国家公园从空间上可分为长江源园区、黄河源园区和澜沧江源园区三个子园区。每一个子园区的生态资源禀赋和生计资源有较大差异。本书认为生态保护与牧民增收空间冲突在不同的区域应当分异明显。为此，本书提出第二个理论假设：三江源国家公园生态保护与牧民增收的空间冲突在地理空间上分异明显。

（三）假设三：政府生态治理能力、资源依赖程度、人均可支配收入对三江源国家公园生态保护与牧民增收空间冲突有显著影响

侯增周、张荣天等、盖美等在探讨生态保护与经济发展的协调关系时主要考虑了地区生产总值能耗、城镇生活污水集中处理率、建成区林木覆盖率、节能环保公共预算支出、农民人均纯收入等因素。[3][4][5] 政府的治理能力、牧民的资源依赖程度、居民的经济基础可能会对三江源国家公园生态保护与牧民增收的空间冲突存在重大影响。为此，本书提出第三个假设：政府生态治理能力、资源依赖程度、人均可支配收入对三江源国家公园生态保护与牧民增收的空间冲突有显著影响。

（四）假设四：三江源国家公园管理局、属地县政府和当地牧民在生态保护和牧民增收上有不同的行为策略

三江源国家公园中存在三江源国家公园管理局、属地县政府和当地牧民三个主体，三者之间由于职能不同、利益不完全相同，因此存在一定程度的博弈关系。三江源国家公园管理局呈现偏向生态保护的利益博弈倾向，属地县政府呈现出重心居中的利益博弈选择，当地牧民形成偏向牧民增收的利益博弈格局。为此，本书提出第四个假设：三江源国家公园管理局、属地县政府和当地牧民在生态保护和牧民增收上有不同的

---

① 王昱：《吉林省县域经济发展的空间特征及其成因研究》，《国土与自然资源研究》2006 年第 2 期。

② 吴学泽等：《皖江城市带经济差异与其自然地理成因分析》，《国土与自然资源研究》2008 年第 4 期。

③ 侯增周：《山东省东营市生态环境与经济发展协调度评估》，《中国人口·资源与环境》2011 年第 7 期。

④ 张荣天、焦华富：《泛长江三角洲地区经济发展与生态环境耦合协调关系分析》，《长江流域资源与环境》2015 年第 5 期。

⑤ 盖美、张福祥：《辽宁省区域碳排放—经济发展—环境保护耦合协调分析》，《地理科学》2018 年第 5 期。

行为策略。

三 理论框架

（一）理论问题提出：三江源国家公园生态保护与牧民增收空间冲突状况评价

围绕三江源国家公园生态保护与牧民增收协调问题，借鉴国内外相关理论和中共中央、国务院要求，结合三江源国家公园功能定位，构建包括水土资源保护、生物多样性保护、绿色发展方式、健康保障能力、家庭增收能力、资产积累能力以及竞争合作能力等要素的指标体系，对三江源国家公园生态保护与牧民增收空间冲突水平作量化分析和整体评估，回答三江源国家公园生态保护与牧民增收空间现状如何、空间分布有何特点等问题。

（二）理论问题分析：三江源国家公园生态保护与牧民增收空间冲突的影响因素、作用机理与空间布局优化

对三江源国家公园生态保护与牧民增收空间冲突问题重点进行三个方面的分析：一是影响因素分析。以政府生态治理能力、资源依赖程度、人均可支配收入为自变量，构建回归模型，探讨三江源国家公园生态保护与牧民增收空间冲突的影响因素及中介效应和调节效应，揭示空间冲突的作用机理。二是利益主体行为博弈分析。从三江源国家公园管理局、属地县政府和当地牧民的职责出发，分析主体可能行为、协作关系和利益冲突关系，以及生态保护与牧民增收行为上的稳定策略。三是三江源国家公园土地利用空间格局优化。以三江源国家公园总体效益为优化目标，在土地总量约束、规划目标约束、功能分区约束和开发强度约束及城乡用地比例约束的条件下，对自然演变、经济优先和生态优先三种情景下的土地利用结构和空间布局进行优化。

（三）理论问题解决：构建三江源国家公园生态保护与牧民增收冲突协调机制的对策建议

根据上述分析结果，结合三江源国家公园实际，以生态保护与牧民增收耦合度和耦合协调度为基础，构建二者协调发展水平定期监测评估体系，在此基础上统筹生态保护与牧民增收的经济、社会、文化等资源，形成“协调水平定期监测—影响因素精准识别—现实路径积极探讨—配套政策及时出台”的动态机制，从产业结构转型、生态价值转

化和发展动能转变上采取具体措施，形成三江源国家公园生态保护与牧民增收冲突协调的长效机制。

因此，本书基于上述分析，构建了理论研究框架（见图 2-6）。

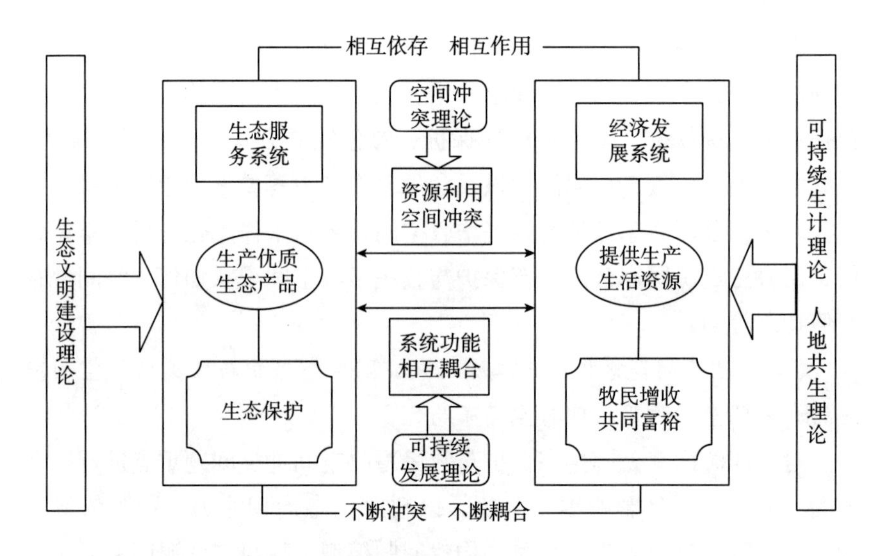

图 2-6　理论研究框架

通过分析三江源国家公园的生态服务系统和经济发展系统的空间冲突与耦合关系，构建生态保护与牧民增收的人地共生协调机制，对于推动三江源国家公园管理体制机制创新、提升国家公园管理效能具有重要的现实意义。

第四节　本章小结

本章界定了国家公园及空间冲突的相关概念，介绍了生态文明理论、可持续生计理论、能力贫困理论、空间冲突理论、演化博弈理论、可持续发展理论等相关理论及相关联系，并在此基础上构建了“空间功能—空间冲突—空间协调—空间优化”的理论逻辑，提出了本书理论框架和研究假设，形成了国家公园人地共生协同机制研究的理论前提。

第三章

研究方法与数据来源

科学的研究方法是研究顺利进行的基本要求，可靠的数据来源是研究结论准确可靠的重要保障。根据研究内容选取合理的研究方法，并根据研究需要，采取合理的样本选取方法，确定抽样调查样本，获取可靠的调查数据和相关统计数据，为研究的有效推进做好必要准备。

第一节　研究区概况

三江源国家公园包括长江源、黄河源、澜沧江源三个园区，国家公园试点时期总面积达 12.31 万平方千米，各园区面积占总面积的比例分别为 73.35%、15.52%、11.13%。三江源国家公园涉及治多县、曲麻莱县、玛多县、杂多县 4 个县以及可可西里自然保护区管辖区域，共 12 个乡镇、53 个行政村，共有牧户 16621 户，人口 6.4 万。2020 年城镇居民人均可支配收入 25099 元，牧民人均纯收入 5876 元。四县均为国家扶贫开发工作重点县，社会发育程度低，经济结构单一，传统畜牧业仍为主体产业，扶贫攻坚任务十分繁重。基础设施历史欠账多，公共服务能力落后[①]（2021 年 10 月，三江源国家公园将长江的正源格拉丹东、长江的南源当曲、黄河源头的约古宗列等区域纳入正式设立的国家公园范围，面积扩展至 19.07 万平方千米，本书研究范围为三江源国家公园试点区域范围，面积为 12.31 万平方千米）（见表 3-1）。

---

① 国家发改委：《发展改革委关于印发三江源国家公园总体规划的通知》，中华人民共和国中央人民政府网站，http：//www.gov.cn/xinwen/2018-01/17/content_ 5257568.htm.

表 3-1　　　　三江源国家公园行政区划

园区	属地县	属地乡镇	行政村（牧委会）名称
长江源园区	治多县	索加乡	君曲、牙曲、当曲、莫曲
		扎河乡	智赛、玛赛、口前、大王
	曲麻莱县	曲麻河乡	多秀、措池、勒池、昂拉
		叶格乡	杂尕、龙麻、莱阳
黄河源园区	玛多县	黄河乡	江旁、热曲、阿映、白玛纳、塘格玛、斗江
		扎陵湖乡	尕泽、多涌、擦泽、卓让、勒那
		玛查理镇	玛查理、江多、隆埂、刊木青、尕拉、赫拉、江措、玛拉驿
澜沧江源园区	杂多县	莫云乡	巴阳、达英、格云、结绕
		查旦乡	达谷、跃尼、齐荣、巴青
		扎青乡	地青、格赛、昂闹、达清
		阿多乡	多加、吉乃、瓦河、朴克
		昂赛乡	热情、苏绕、年都

资料来源：笔者根据有关资料整理。

三江源国家公园拥有丰富的自然资源，并以草地资源为主。《三江源国有自然资源本底调查（2018）》显示，三江源国家公园草地资源类型有高寒草甸类、高寒草原类、高寒荒漠类和山地草甸类四类，草地资源以高寒草甸类和高寒草原类为主。林地资源类型有灌木林地、宜林地、有林地、疏林地四类，林地资源以宜林地为主，占林地资源总面积的 68.94%。湿地资源类型有河流湿地、湖泊湿地、沼泽湿地、人工湿地四种，其中沼泽湿地面积最大，占湿地资源总面积的 60.38%。水资源量达 84.35 亿立方米。除此之外，园区共有维管束植物 760 种，分属 50 科 241 属，野生陆生脊椎动物 270 种。

第二节　研究方法

指标权重是科学评价的基础，关系到指标评价结果的客观性和准确性。[①] 采用主观和客观相结合的组合赋权方法，可以避免单一赋权方法

① 单连慧等：《科技评价中不同权重赋值方法的比较研究：以中国医院科技量值为例》，《科技管理研究》2022 年第 2 期。

可能造成的偏误。[①] 本书采用层次分析法、熵值法、变异系数法分别计算指标权重，然后采用综合赋权法确定最终权重。

一　层次分析法

层次分析法（Analytic Hierarchy Process，AHP），指将一个复杂的多目标决策问题作为一个系统，将目标分解为多个目标或准则，进而分解为多指标（或准则、约束）的若干层次，通过定性指标模糊量化方法算出层次单排序（权数）和总排序，以作为目标（多指标）、多方案优化决策的系统方法。其基本实施步骤包括：成立专家组，由专家对各层指标重要性程度进行评判；构建判断矩阵并计算向量权重；矩阵一致性指标计算与检验；权重确定。该方法具有系统性、实用性、简便性等特点。[②]

（一）构建判断矩阵

通过专家打分，针对上一层次某要素，同一层次要素两两作比较，将每一层次内各个因素的相对重要性用数值形式表示，进而建立一个 n 阶判断矩阵，计算最大特征值和对应的特征向量[③]（见表 3-2）。

表 3-2　层次分析法判断尺度

判断尺度（B_{ij}）	定义
1	B_i 与 B_j 同等重要
3	B_i 比 B_j 稍微重要
5	B_i 比 B_j 明显重要
7	B_i 比 B_j 强烈重要
9	B_i 比 B_j 极端重要
2，4，6，8	介于上述两个相邻判断尺度中间值

（二）权重向量计算

权重向量计算采用和积法，即列向量先归一化，对得到的新矩阵求

---

① 胡西武：《宁夏回族自治区生态移民村落空间剥夺及空间优化调节机制研究》，博士学位论文，宁夏大学，2019 年。

② 郭昱：《权重确定方法综述》，《农村经济与科技》2018 年第 8 期。

③ 陈爱雪、刘艳：《层次分析法的我国精准扶贫实施绩效评价研究》，《华侨大学学报》（哲学社会科学版）2017 年第 1 期。

和，再归一化，求得权向量对应的 λ_{max}（由 $A \times W + \lambda_{max} \times W$ 计算获得）[①]。其中，A 为原始判断矩阵，W 为计算获得的权向量。

（三）一致性指标计算与检验

一致性指标按照 $CI=(\lambda_{max}-n)/(n-1)$ 的公式进行计算。一般来说，CI 越大，表明判断矩阵的一致性就越强。但考虑到判断矩阵受随机偏离的可能性的存在，因此建立一致性评判指标 CR，将 CI 与 RI 比较（计算公式为：$CR=CI/RI$），以检验判断矩阵的一致性的优劣。若 $CR<0.1$，表明判断矩阵通过一致性的检验；反之则未能通过一致性的检验[①]（见表 3-3）。

表 3-3　　平均随机一致性指标 *RI* 标准值

矩阵阶数	1	2	3	4	5	6	7	8	9	10
RI	0	0	0.52	0.90	1.12	1.24	1.32	1.41	1.45	1.49

二　熵值法

熵值法是一种客观赋权法，是根据指标变异性的大小，运用决策矩阵来确定指标权重的一种方法，[②] 所确定的权重具有较高的可信度。指标变异较明显熵值就会小，权重也相应会变大；反之，如果指标熵值大，则表示变异较小，权重相应变小。[③] 其具体步骤如下：

假设选取 n 个样本，有 m 个指标，X_{ij} 表示第 i 个样本的第 j 个评价指标（$i=1, 2, 3, \cdots, n$；$j=1, 2, 3, \cdots, m$）。

（一）无量纲化处理

首先采用极差法对原始数据进行无量纲化处理，以消除量纲和数量级别对研究结果的影响。对于正向指标按照式（3-1）处理，对于逆向指标按照式（3-2）处理。

$$y_{ij}=\frac{x_{ij}-\min(x_{ij})}{\max(x_{ij})-\min(x_{ij})} \tag{3-1}$$

① 胡西武：《空间剥夺与空间优化：新时代宁夏生态移民的挑战与应对》，经济日报出版社 2020 年版，第 76 页。

② 郭显：《权重确定方法综述》，《农村经济与科技》2018 年第 8 期。

③ 庄国栋：《国际旅游城市品牌竞争力研究》，博士学位论文，北京交通大学，2018 年。

$$y_{ij}=\frac{\max(x_{ij})-x_{ij}}{\max(x_{ij})-\min(x_{ij})} \quad (3-2)$$

式（3-1）和式（3-2）中，x_{ij} 为原始数据矩阵，y_{ij} 为原始数据经过标准化处理后的标准化数据矩阵。max（x_{ij}）和 min（x_{ij}）分别表示第 j 项指标的最大值和最小值。[①]

（二）指标熵值计算

$$e_{j=-k}\sum_{i=1}^{n}p_{ij}\ln(p_{ij}) \quad (3-3)$$

式（3-3）中，e_j 表示第 j 项指标的熵值，$0\leqslant e_j\leqslant 1$；$k=1/LnN$，$n$ 为样本的数量；$p_{ij}=y_{ij}/\sum_{i=1}^{n}y_{ij}$。

（三）指标权重确定

$$w_{ij}=(1-e_{ij})/\sum_{i=1}^{m}(1-e_{ij}) \quad (3-4)$$

式（3-4）中，w_{ij} 表示指标权重，e_{ij} 表示指标熵值，m 表示指标个数。

三 变异系数法

变异系数法是根据各个指标在所有被评价对象上观测值的变异程度大小，来对其赋权，是一种客观赋权的方法。[②]

变异系数：$V_t=S_t/\overline{r_t}$ （3-5）

权重：$W_t''=V_i/\sum_{i=1}^{m}V_i$ （3-6）

式（3-5）和式（3-6）中，$\overline{r_t}$ 表示整个研究区指标 t 的平均值，S_t 表示整个研究区标准差；V_t 为变异系数，m 为评价指标的个数，W_t'' 为变异系数法确定的权重。

四 卡方检验

卡方检验（chi-square test）是一种常用的非参数检验方法，通过比较两项或多项频数，检测在一定显著性水平上实际频数与期望频数的

① 赵金洁：《银行产业组织安全问题研究》，博士学位论文，北京交通大学，2018 年。

② 陈玲等：《基于变异系数法的政府开放数据利用行为耦合协调性研究》，《信息资源管理学报》2021 年第 2 期。

差异度。[①] 其计算公式为：

$$\chi^2 = \sum \frac{(f_0 - f_e)^2}{f_e} \tag{3-7}$$

式（3-7）中，f_0 为实际频数，f_e 为期望频数，χ^2 为卡方统计量。其运用条件是至少有 80%的期望频数不小于 5，并且每个理论频数都不小于 1。[②]

其具体步骤为：

（1）提出理论假说，确定显著性水平。

（2）计算期望频数。

（3）计算χ^2 值，并比较χ^2 值与临界值。

若χ^2 值大于临界值则拒绝原假设，否则接受备择假设[①]。卡方检验结果的选择条件：当所有期望频数大于等于 5 时，用皮尔逊χ^2 检验；当超过 20%的期望频数小于 5，或至少 1 个期望频数小于 1 时，用 Fisher's 检验。

五　耦合模型

"耦合" 原为物理学概念，是指两个或两个以上系统相互作用而彼此影响的现象。本书参照廖重斌（1999）[③] 的研究，构建耦合度模型分析生态保护与牧民增收之间的相互作用程度。

（一）耦合度模型

$$SC = 2 \times \sqrt{\frac{f_1(t) \times f_2(t)}{[f_1(t) + f_2(t)]^2}} \tag{3-8}$$

式（3-8）中，$f_1(t)$ 表示生态保护评价值，$f_2(t)$ 表示牧民增收评价值。SC 表示耦合度，$SC \in [0, 1]$，当 $SC=1$ 时表示生态保护与牧民增收处于最佳耦合状态；当 $SC=0$ 时表示生态保护与牧民增收处于无关或者无序发展状态。

---

① 钱峰：《基于卡方检验的国内外知识管理研究热点比较》，《情报杂志》2008 年第 9 期。

② Siegel S.，"Nonparametric Statistics for the Behavioral Sciences"，*Social Service Review*，Vol. 312，No. 1，1956，pp. 99-100.

③ 廖重斌：《环境与经济协调发展的定量评判及其分类体系——以珠江三角洲城市群为例》，《热带地理》1999 年第 2 期。

（二）耦合协调度模型

$$\begin{cases} SD=\sqrt{SC\times ST} \\ ST=a\times f_1(t)+b\times f_2(t) \end{cases} \tag{3-9}$$

式（3-9）中，SD 表示耦合协调程度，SC 表示耦合度，a、b 表示生态保护与牧民增收的水平权重，本书认为生态保护与牧民增收同等重要，所以 a、b 取 0.5。参考相关研究成果，确定耦合度及耦合协调度的等级划分标准（见表 3-4）。

表 3-4　耦合度及耦合协调度等级划分

SC 值	耦合度等级	耦合协调度	协调等级	耦合协调度	协调等级
0≤SC<0.3	低水平耦合阶段	[0.0, 0.1]	极度失调	(0.5, 0.6]	勉强协调
0.3≤SC<0.5	拮抗阶段	(0.1, 0.2]	严重失调	(0.6, 0.7]	初级协调
0.5≤SC<0.8	磨合阶段	(0.2, 0.3]	中度失调	(0.7, 0.8]	中级协调
0.8≤SC<1	高水平耦合阶段	(0.3, 0.4]	轻度失调	(0.8, 0.9]	良好协调
		(0.4, 0.5]	濒临失调	(0.9, 1.0]	优质协调

六　障碍度模型

近年来，阻滞因素成为学术界揭示事物发展规律的重要视角，① 障碍度模型是有效识别阻滞因素的重要方法，② 被广泛运用于绿色发展水平测度及障碍因素分析、③④ 土地利用及土地生态安全障碍因子诊断、⑤⑥

① 谢来位：《惠农政策执行效力提升的阻滞因素及对策研究——以国家城乡统筹综合配套改革试验区为例》，《农村经济》2010 年第 3 期。

② 郭耀辉等：《农业循环经济发展指数及障碍度分析——以四川省 21 个市州为例》，《农业技术经济》2018 年第 11 期。

③ 任嘉敏、马延吉：《东北老工业基地绿色发展评价及障碍因素分析》，《地理科学》2018 年第 7 期。

④ 乔瑞等：《黄河流域绿色发展水平评价及障碍因素分析》，《统计与决策》2021 年第 23 期。

⑤ 鲁春阳、文枫：《基于改进 TOPSIS 法的城市土地利用绩效评价及障碍因子诊断——以重庆市为例》，《资源科学》2011 年第 3 期。

⑥ 李春燕、南灵：《陕西省土地生态安全动态评价及障碍因子诊断》，《中国土地科学》2015 年第 4 期。

农户生计脆弱性因子诊断、[①②] 农户生计恢复力障碍因子分析[③]等方面。障碍度模型具体计算步骤如下：引入因子贡献度 F_t（单因素对总目标的权重）、指标偏离度 I_t（单因素指标与目标之间的差距，即单项指标因素评估值与100%之差）、障碍度 O_t、U_i（分别表示单项指标和分类指标对目标的影响程度）3 个指标进行分析诊断。[④]

指标偏离度计算公式如下：

$$I_{it} = 1 - y_{it} \tag{3-10}$$

障碍度计算公式如下：

$$r_{it} = (I_{it} \times w_t) / \sum_{t=1}^{m} (I_{it} \times w_t) \tag{3-11}$$

式（3-10）和式（3-11）中，I_{it} 表示表征指标数值偏离目标值的程度；y_{it} 表示指标标准化后的值；r_{it} 表示第 t 项指标对目标的阻碍程度；w_t 为计算的各指标的权重。

七　地理加权回归模型

地理加权回归模型（GWR）将地理位置引入回归参数中，利用邻近观测值的样本数据信息进行局域回归估计，用于解释地域差异对变量的影响。[⑤] 其模型为：

$$y_i = \beta_0(u_i, v_i) + \sum_{k=1}^{p} \beta_k(u_i, v_i) x_{ik} + \varepsilon_i, \ i = 1, 2, \cdots, n \tag{3-12}$$

式（3-12）中，(u_i, v_i) 为第 i 点的地理坐标，$\beta_0(u_i, v_i)$ 为第 i 点的回归常数，$\beta_k(u_i, v_i)$ 为第 i 点的第 k 个变量的回归参数，x_{ik} 为 x_k 在 i 点的值，p 为样本点 i 独立变量的个数；ε_i 为 i 点的随机误差值。空间权重矩阵和局部带宽是两个最主要的参数设定。空间权重矩阵通过

---

① 吴孔森等：《干旱环境胁迫下民勤绿洲农户生计脆弱性与适应模式》，《经济地理》2019 年第 12 期。

② 梁爽等：《西北地区小城镇居民生计脆弱性及其影响因子》，《中国农业资源与区划》2019 年第 7 期。

③ 尹珂等：《田园综合体建设对农户生计恢复力的影响研究——以重庆市国家级田园综合体试点忠县新立镇为例》，《地域研究与开发》2021 年第 40 期。

④ 陈曼等：《农户生计视角下农地流转绩效评价及障碍因子诊断——基于武汉城市圈典型农户调查》，《资源科学》2019 年第 41 期。

⑤ 刘华等：《农村人口出生性别比失衡及其影响因素的空间异质性研究——基于地理加权回归模型的实证检验》，《人口学刊》2014 年第 36 期。

高斯函数确定并按照 AIC 准则确定最优带宽。①

八 MOP 模型

MOP 模型是包含决策变量、目标函数、约束条件的多目标规划模型，主要解决在主观或客观约束条件下，使多个目标最优化的决策问题，较多地应用于区域经济学和地理学领域。② 其函数关系式如下：

$$F_1(x) = \max \sum_{j=1}^{n} c_j x_j \tag{3-13}$$

$$F_2(x) = \max \sum_{j=1}^{n} d_j x_j \tag{3-14}$$

$$\text{s.t.} \begin{cases} \sum_{j=1}^{n} a_{ij} x_j = (\geqslant, \leqslant) b_j, (i = 1, 2, \cdots, m) \\ x_j \geqslant 0, (j = 1, 2, \cdots, n) \end{cases} \tag{3-15}$$

其中，F_1（x）和 F_2（x）分别表示经济效益和生态效益；x_j 表示第 j 类决策变量（j=1，2，…，8）；c_j 和 d_j 分别为单位面积下不同类型地块的经济、生态效益系数；约束条件 s. t. 中，a_{ij} 为第 i 个约束条件中第 j 个变量对应的系数；b_j 为约束值①。结合三江源国家公园总体规划中的土地类型，将草地（x_1）、林地（x_2）、城镇建设用地（x_3）、农村居民点（x_4）、水域（x_5）、湿地（x_6）、雪山冰川（x_7）、其他未利用地（x_8）作为决策变量①。

九 Geo SOS-FLUS 模型

Geo SOS-FLUS 模型是由黎夏团队开发，用于地理空间模拟、空间优化、辅助决策的有效模型。该模型首先运用神经网络算法（ANN）获取各类用地的适宜性概率，然后通过耦合系统动力学模型（SD）和元胞自动机（CA）模型提高适用性，其模拟精度高于 CLUE-S、ANN-CA 等模型。③ 主要计算模块有：

（一）适宜性概率计算

神经网络算法（ANN）包括预测与训练阶段，由输入层、隐含层、

---

① 胡西武等：《宁夏生态移民村空间剥夺测度及影响因素》，《地理学报》2020 年第 10 期。

② 曹帅等：《耦合 MOP 与 GeoSOS-FLUS 模型的县级土地利用结构与布局复合优化》，《自然资源学报》2019 年第 6 期。

③ 刘彦随：《中国新时代城乡融合与乡村振兴》，《地理学报》2018 年第 4 期。

输出层组成，计算公式如下：

$$sp(p, k, t) = \sum_j \omega_{j,k} \times sigmoid[net_j(p, t)] = \sum_j \omega_{j,k} \times 1/(1 + e^{-net_j(p,t)}) \tag{3-16}$$

其中，$sp(p, k, t)$ 为 k 类土地在时间 t、栅格 p 下的适宜性概率；$\omega_{j,k}$ 是输出层与隐藏层之间的权重；$sigmoid(\cdot)$ 是隐藏层到输入层的激励函数；$net_j(p, t)$ 表示第 j 个隐藏层栅格 p 在时间 t 上所接收到的信号。神经网络算法输出的各个地块类型适宜性概率总和为1，即：

$$\sum_k sq(q, k, t) = 1 \tag{3-17}$$

（二）自适应性惯性竞争机制

土地利用转化概率除了神经网络输出分布概率外，还受邻域密度、惯性系数、转换成本及地类竞争等因素影响。当前土地数量与土地需求的差距会在迭代过程中自适应调整，决定了不同类型用地的惯性系数。第 k 种地类在 t 时刻的自适应惯性系数 $Intertia_k^t$ 为：

$$Intertia_k^t \begin{cases} Intertia_k^{t-1} & |D_k^{t-2}| \leqslant |D_k^{t-1}| \\ Intertia_k^{t-1} \times D_k^{t-2}/D_k^{t-1} & 0 > D_k^{t-2} > D_k^{t-1} \\ Intertia_k^{t-1} \times D_k^{t-1}/D_k^{t-2} & D_k^{t-1} > D_k^{t-2} > 0 \end{cases} \tag{3-18}$$

其中，D_k^{t-1} 和 D_k^{t-2} 分别为时间 $t-1$ 和时间 $t-2$ 的需求量与栅格数量在第 k 种类型用地的差值。

在计算出不同栅格的概率后，采用CA模型迭代方式确定各用地类型。在 t 时刻，栅格 p 转化为 k 用地类型的概率 $prob_{p,k}^t$ 可表示为：

$$prob_{p,k}^t = sp(p, k, t) \times \theta_{p,t}^t \times Intertia_k^t \times (1 - sc_{c \to k}) \tag{3-19}$$

其中，$sc_{c \to k}$ 为 c 类用地改变为 k 类用地的成本；$1 - sc_{c \to k}$ 为转换发生的困难程度；$\theta_{p,t}^t$ 为邻域作用，其公式为：

$$\theta_{p,t}^t = \frac{\sum_{N \times N} con(c_p^{t-1} = k)}{N \times N - 1} \times \omega_k \tag{3-20}$$

其中，$\sum_{N \times N} con(c_p^{t-1} = k)$ 表示在 $N \times N$ 的More领域窗口，上一次迭代结束后第 k 种土地类型的栅格总数。$N = 3$；ω_k 为各类用地的领域作用权重。模型的精度验证主要观察OA、ROC和Kappa三个参数，值越接近1精度越高。①

第三节 抽样调查与数据来源

一 抽样调查

采取简单随机抽样和空间分层抽样相结合的方法，选取三江源国家公园调查牧民（牧民增收重点对象）研究样本。截至2018年底，三江源国家公园贫困牧民共涉及12个乡（镇），53个村（牧）委会，共7131户，21074人。总体样本计算公式如下：

$$k=\{f^2p(1-p)/[e^2+f^2p(1-p)/K]\} \tag{3-21}$$

式（3-21）中，k是样本总量；e是期望的误差界限，取±0.05%，即$e=0.05$；f是置信区间所对应的标准正态分布的分位点值，取95%的置信区间，对应的分位点值$f=1.96$，K是调查总体；p是样本量占总体数量的比例，由于没有该地区比例的真值，所以假设$p=0.5$，得到保守的样本量。经计算，三江源国家公园牧民样本村为53个。根据调查村的总户数占总样本村总户数的比重来分配各个样本村的调查户数，计算公式为：

$$w_i=n_i/N \tag{3-22}$$

$$h=w\times n \tag{3-23}$$

式（3-22）和式（3-23）中，w_i表示研究区第i个样本村总户数占研究区样本村总户数的比重；n_i为研究区第i个样本村总户数；N为所有样本村户数总体，为7131户，误差界限取±3%，h为户数样本容量，经计算为927户。然后将总的样本数分层抽样到各乡镇（见表3-5）。

表3-5　三江源国家公园调查牧民抽样村和抽样户数量分解

乡镇	总村数	总户数	抽样村数	抽样户数	乡镇	总村数	总户数	抽样村数	抽样户数	乡镇	总村数	总户数	抽样村数	抽样户数
叶格乡	3	524	3	68	阿多乡	4	634	4	83	扎青乡	4	744	4	97

① 王保盛等：《基于历史情景的FLUS模型邻域权重设置——以闽三角城市群2030年土地利用模拟为例》，《生态学报》2019年第12期。

续表

乡镇	总村数	总户数	抽样村数	抽样户数	乡镇	总村数	总户数	抽样村数	抽样户数	乡镇	总村数	总户数	抽样村数	抽样户数
曲麻河乡	4	470	4	61	昂赛乡	3	372	3	48	黄河乡	6	285	5	37
索加乡	4	1093	4	142	查旦乡	4	816	4	106	玛查理镇	8	415	7	54
扎河乡	4	666	4	87	莫云乡	4	879	4	114	扎陵湖乡	5	233	4	30
合计	调查牧民（牧民增收重点对象）涉及 12 个乡镇，53 个村，7131 户；样本户 927 户													

资料来源：笔者根据三江源国家公园管理局相关资料整理。

二　数据来源

三江源国家公园生态保护相关数据通过三江源国家公园管理局、青海省林草管理局、《三江源国家公园公报》、有关各县统计年鉴获取；牧民增收数据通过自行设计调查问卷，采用入户调查和调查问卷相结合的方式进行收集。MOP 模型数据来源于 2000—2020 年的《青海统计年鉴》《玉树州统计年鉴》《果洛州统计年鉴》及《玉树州经济和社会发展统计公报》《果洛州经济和社会发展统计公报》、相关县（市）人民政府官网发布的数据。土地利用数据为《三江源国家公园总体规划》及三江源所在地治多县、杂多县、曲麻莱县、玛多县相应年份的土地利用数据。

第四节　本章小结

本章概括介绍了本书研究方法的特点及应用，阐述了样本选取的方法及选取过程，并报告了样本选取的最终结果及分布情况。通过空间分层抽样和简单随机抽样相结合的方法，既最大限度地保证了样本的全面性、代表性，又最大可能做到了随机性、有效性，为研究顺利开展提供了必要条件。

第四章

三江源国家公园人地关系现状调查评估

保护生态系统的原真性和完整性，是三江源国家公园的第一职责。与此同时，更加注重人的发展，推动当地牧民可持续的增收致富，实现人与自然和谐共生，是三江源国家公园的重要任务。生态保护绩效与当地牧民增收状况是三江源国家公园人地关系的两个重要评价指标。

第一节　三江源国家公园生态保护现状评估

一　三江源国家公园自然资源状况

三江源国家公园草地资源总面积为995.85万公顷，其中草地未退化面积为216.90万公顷，长江源园区、黄河源园区、澜沧江源园区的草地资源面积分别为708.66万公顷、162.63万公顷、124.56万公顷，分别占到三江源国家公园草地资源总面积的71.16%、16.33%、12.51%。三江源国家公园草地资源平均产草量为1393.48千克/公顷，平均可食产草量为1129.32千克/公顷，草地综合植被盖度为53.85%。三江源国家公园林地资源总面积为299923.67公顷。三江源国家公园湿地资源总面积为2148276.15公顷，长江源园区、黄河源园区、澜沧江源园区的湿地资源分别占三江源国家公园湿地资源总面积的65.38%、27%、7.62%。三江源国家公园地表水均为Ⅰ类（见表4-1）。

表 4-1　　　　　　　　三江源国家公园资源状况

园区/资源			长江源园区	黄河源园区	澜沧江源园区	合计
草地资源	草地资源面积（万公顷）		708.66	162.63	124.56	995.85
	草地退化情况（万公顷）	未退化面积	133.40	78.31	5.19	216.90
		退化面积	575.26	84.33	119.37	778.96
		轻度退化面积	229.13	34.85	44.06	308.04
		中度退化面积	305.10	16.30	14.57	335.97
		重度退化面积	41.03	33.18	60.74	134.95
	草地平均产草量（千克/公顷）		1410.31	1553.87	1970.76	—
	平均可食产草量（千克/公顷）		1144.02	1044.50	1674.93	—
	综合植被盖度（%）		48.40	69.82	75.69	—
林地资源	林地资源面积（公顷）		122458.77	52709.06	124755.84	299923.67
	灌木林地面积（公顷）		39605.39	8720.50	32965.75	81291.64
	宜林地面积（公顷）		82853.38	43988.56	79937.32	206779.26
	有林地面积（公顷）		0	0	7350.35	7350.35
	疏林地面积（公顷）		0	0	4502.42	4502.42
湿地资源	湿地资源面积（公顷）		1404472.71	580054.30	163749.14	2148276.15
	河流湿地面积（公顷）	永久性河流湿地	211759.94	13228.40	23434.36	248422.70
		季节性河流湿地	5533.40	0	0	5533.40
		洪泛平原湿地	38303.19	11375.33	5946.35	55624.87
	湖泊湿地面积（公顷）	永久性淡水湖	60971.70	148171.97	437.85	209581.52
		永久性咸水湖	329648.62	780.30	0	330428.92
		季节性淡水湖	15.18	0	0	15.18
	沼泽湿地面积（公顷）		758240.68	404879.60	133930.58	1297050.86
	人工湿地/水库面积（公顷）		0	1618.70	0	1618.70
水资源	水资源量（亿立方米）		39.31	13.54	31.50	84.35
		其中：2017 年	58.46	9.03	29.06	96.55
	地表水质量	Ⅰ类	Ⅰ类	Ⅰ类	—	

资料来源：《三江源国家公园本底调查》2018 年。

二　三江源国家公园生态保护取得的初步成效

2005 年，青海省启动实施三江源地区生态保护建设工程。2014 年 1 月，三江源生态保护和建设二期工程正式启动。2016 年 4 月，我国首个国家公园试点在青海省三江源地区设立，从此拉开了我国探索建立国家公园体制的序幕。四年以来，三江源国家公园实施了黑土滩治理、人工造林、封沙育草、湿地保护、草原有害生物防控、林业有害生物防控、生态畜牧业基础设施建设、林木种苗基地建设、生态监测、培训与宣传等项目。

自实施三江源生态保护和建设二期工程以来，截至 2019 年底，三江源地区森林覆盖率由 4. 8%提高到 7. 43%，草原植被盖度由 73%提高到 75%，退化草地面积减少 2302 平方千米，可治理沙化土地治理率由 45%提高到 47%。水源涵养量由 197. 6 亿立方米提高到 211. 8 亿立方米，年平均出境水量比 2005—2012 年均出境水量年均增加 59. 67 亿立方米，地表水环境质量状况为优，监测断面水质在Ⅱ类以上。湿地面积显著增加，藏羚、普氏原羚、黑颈鹤等珍稀野生动物种群数量呈增长态势，区域生态稳步恢复，保护成效初显。[①]

三　三江源国家公园生态安全水平变化

（一）生态安全评价指标体系构建

生态支撑力由自然驱动、生态结构和生态功能组成和体现，是度量生态安全水平的理论基础和基本方法。自然驱动表征生态环境维持生物群落的生存力、适应性和繁衍力；生态结构表征生态系统的垂直结构、水平结构、生物量以及景观格局；生态功能间接反映生态系统的稳定性。[②] 借鉴顾琦玮等研究成果，[③] 从自然驱动、生态结构、生态功能三个方面构建基于生态支撑力的生态安全评价指标体系，并运用熵值法、变异系数法和距优平方和法[④]相结合的综合赋权法确定各指标权重（见表 4-2）。

（二）数据来源

年均温、年降水量数据来源于中国气象数据服务平台，选取三江源国家公园内相关站点 2010 年、2016 年、2020 年气象数据整理而来。平均海拔数据来源于地理空间数据云 DEM 数字高程产品，通过 ArcGis10. 8

---

① 鲁丹阳：《青海三江源地区生态保护成效初显》，中国新闻网，http：//news. sina. com. cn/o/2020-02-29/doc-iimxyqvz6760805. shtml.

② 王红旗等：《中国生态安全格局构建与评价》，科学出版社 2019 年版，第 49—50 页。

③ 顾琦玮等：《生态支撑力概念模型的构建及应用》，《环境科学研究》2017 年第 2 期。

④ 贾天朝等：《三江源国家公园生态安全评价及障碍因子研究》，《河北环境工程学院学报》2023 年第 1 期。

表 4-2　　　　三江源国家公园生态支撑力评价指标体系

目标层	准则层	指标层	指向	熵权法	变异系数法	距优平方和法	组合权重
生态支撑力	自然驱动指标	C1：年均降水量（mm）	+	0.0721	0.0763	0.0764	0.0749
		C2：年均温（℃）	+	0.0697	0.0733	0.0707	0.0712
		C3：平均海拔（m）	-	0.0792	0.0844	0.0878	0.0838
	生态结构指标	C4：景观破碎度	-	0.0697	0.0733	0.0706	0.0712
		C5：植被覆盖率（%）	+	0.0960	0.1002	0.1049	0.1004
		C6：生物丰度指数	+	0.1541	0.1352	0.1332	0.1409
		C7：叶面积指数（m^2/m^2）	+	0.0937	0.0982	0.1029	0.0983
	生态功能指标	C8：净第一性生产力［$g/(m^2.a)$］	+	0.0697	0.0733	0.0708	0.0713
		C9：水源涵养量（m^3/a）	+	0.1524	0.1345	0.1327	0.1399
		C10：固碳释氧量（kg/a）	+	0.0734	0.0779	0.0789	0.0767
		C11：土壤侵蚀度	-	0.0698	0.0735	0.0711	0.0715

注：+、-分别表示正向、反向指标，即随着评价标准等级的增加而增大（减少）的指标。

软件镶嵌、裁剪处理获得；景观破碎度数据通过 Fragstats v4.2.1 软件进行处理得出；植被覆盖率采用像元二分法①进行估算得出；三江源国家公园遥感影像来源于地理空间数据云 Landsat8、TM 影像，相关影像处理及计算通过 ENVI5.3 软件进行；叶面积指数来源于资源环境科学与数据中心 GLOBMAP 叶面积指数产品数据集，② 通过 ArcGis10.8 软件进行处理；生物丰度指数计算方法依据国家环保总局 2006 年 5 月 1 日实施的《生态环境状况评价技术规范（试行）》的规定确定，所需的土地利用数据来源于中国科学院资源环境科学与数据中心土地利用栅格数据（2010 年、2016 年、2020 年）；净第一性生产力采用 Miami 模型③进行计

① 李伟萍等：《三峡水库 156 米蓄水位消落区植被恢复遥感动态监测研究》，《长江流域资源与环境》2011 年第 3 期。

② 刘洋、刘荣高：《基于 LTDRAVHRR 和 MODIS 观测的全球长时间序列叶面积指数遥感反演》，《地球信息科学学报》2015 年第 11 期。

③ 张宪洲：《我国自然植被净第一性生产力的估算与分布》，《自然资源》1993 年第 1 期。

算得出；水源涵养量采用水量平衡法[①]进行计算得出，其中年平均蒸发量数据算法参考伊俊兰等[②]研究算法；固碳释氧量参考陈春阳等[③]计算方法利用净第一性生产力数据计算；土壤侵蚀度[④⑤]通过利用坡度、坡向、高程、植被、地类等生态因子利用 ArcGis10.8 软件栅格计算器处理得出，土壤侵蚀等级标准参考颜小平等[⑥]的研究成果。

（三）三江源国家公园生态安全变化情况

根据生态支撑力评价指标体系，对三江源国家公园 2010—2020 年生态安全水平进行评价，三江源国家公园 2010 年、2016 年和 2020 年三个节点的生态安全综合指数分别为 0.5971、0.3394 和 0.5449，并绘制折线图（见图 4-1）。

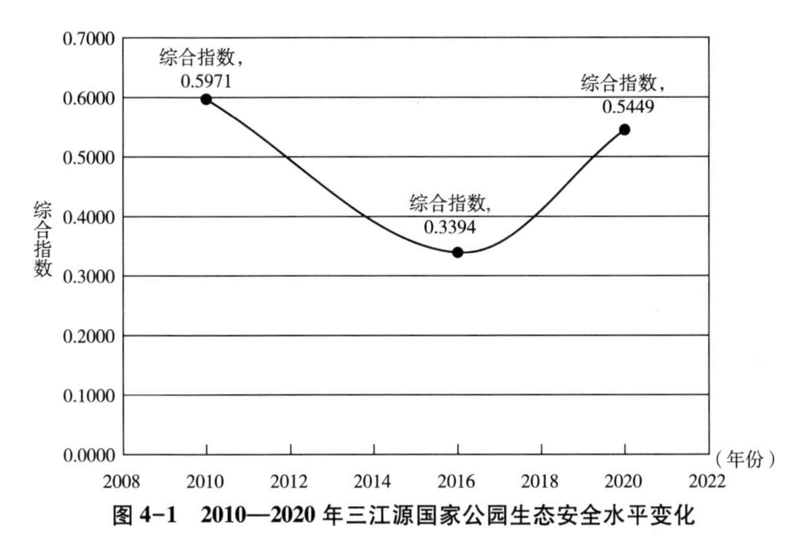

图 4-1　2010—2020 年三江源国家公园生态安全水平变化

---

① 刘哲、兰措：《青海北川河流域径流变化的机理研究——基于模型和统计两种方法》，《地理科学进展》2022 年第 2 期。

② 伊俊兰等：《1961—2019 年青海省气候生产潜力时空演变特征》，《江苏农业科学》2021 年第 20 期。

③ 陈春阳等：《基于土地利用数据集的三江源地区生态系统服务价值变化》，《地理科学进展》2012 年第 7 期。

④ 朱楚馨等：《基于 RUSLE 模型的中国生产建设工程扰动区潜在侵蚀时空分异规律研究》，《中国土地科学》2021 年第 9 期。

⑤ 李子君等：《基于 WaTEM/SEDEM 模型的沂河流域土壤侵蚀产沙模拟》，《地理研究》2021 年第 8 期。

⑥ 颜小平等：《基于 RUSLE 模型的承德市土壤侵蚀敏感性及其对土地利用变化响应研究》，《水利水电技术（中英文版）》2021 年第 12 期。

由图 4-1 可知，2010—2020 年，三江源国家公园生态安全水平呈现先下降后上升的状态。2016 年 4 月，三江源国家公园体制试点在青海省启动，2021 年 10 月，三江源国家公园正式建立。2010—2016 年，三江源国家公园生态安全水平呈下降状态，生态支撑力综合指数由 0.5971 下降到 0.3394。可能的原因是，受西部大开发影响，地方政府着眼于经济发展，在推动 GDP 发展的同时，忽略了生态保护与治理，导致三江源国家公园生态安全水平出现下降。2016—2020 年，三江源国家公园生态安全水平呈上升状态，生态支撑力综合指数由 0.3394 上升到 0.5449。主要原因是 2016 年三江源国家公园开始试点，随着体制机制的改革和理顺，生态保护投资的不断增加，生态安全水平处于较快的上升状态。

四　三江源国家公园生态保护量化评价

（一）指标体系构建

依据三江源国家公园建设核心理念和生态文明建设总目标，结合《三江源国家公园总体规划》的相关要求，构建三江源国家公园生态保护指标体系。该指标体系涵盖了水土资源保护、生物多样性保护、绿色发展方式 3 个维度，包括 8 个二级指标和 21 个三级指标（见表 4-3）。

表 4-3　三江源国家公园生态保护指标体系

一级指标	二级指标	三级指标	指标释义
水土资源保护	水土保持	草地植被覆盖度（%）	反映草地植被保护水平
		森林覆盖率（%）	反映森林保护水平
		湿地保护面积比例（%）	反映湿地保护水平
	生态修复	草地植被盖度增长率（%）	反映退化草地治理情况
		沙化土地植被盖度增长率（%）	反映沙化土地治理情况
		土地侵蚀面积占区域土地面积（%）*	反映水土流失治理情况
	环境保护	生态环境状况指数（EI）	反映环境质量情况
		三江源头水质（类型）	反映水质情况
		三江源水资源总量增长率（%）	反映水资源总量增长情况
生物多样性保护	植物保护	野生植物种群数量（种）	反映植物种群丰富度
	动物保护	野生动物种群数量（种）	反映动物种群丰富度

续表

一级指标	二级指标	三级指标	指标释义
绿色发展方式	绿色产业结构	年产草量增长百分比（%）	反映草量增长情况
		年存栏牲畜增长百分比（%）*	反映存栏牲畜增长情况
		第二、第三产业占比（%）	反映第二、第三产业发展情况
		转产转业劳动力比例（%）	反映转产转业劳动力情况
	科技人才支持	万人专利授权数量（件/万人）	反映专利授权情况
		每万人高中生人数（人）	反映教育文化程度
		牧民培训比例（%）	反映牧民培训情况
	绿色发展保障	生态补偿与生产总值的比值（%）	反映生态补偿水平
		牧民人均生态补奖数额（元）	反映生态补奖政策落实情况
		生态管护公益岗位与牧民户数比例（%）	反映生态管护公益岗位落实情况

注：带 * 的为逆向指标；下同。

水土资源保护，用水土保持、生态修复和环境保护三个二级指标测度。其中，水土保持包括草地植被覆盖度、森林覆盖率和湿地保护面积比例 3 个三级指标；生态修复包括草地植被盖度增长率、沙化土地植被盖度增长率、土地侵蚀面积占区域土地面积 3 个三级指标；环境保护包括生态环境状况指数（EI）、三江源头水质、三江源水资源总量增长率 3 个三级指标。

生物多样性保护，用植物保护和动物保护两个二级指标测度。其中，植物保护包括野生植物种群数量（种）1 个三级指标，动物保护包括野生动物种群数量（种）1 个三级指标。

绿色发展方式，用绿色产业结构、科技人才支持、绿色发展保障 3 个二级指标测度。其中，绿色产业结构包括年产草量增长百分比，年存栏牲畜增长百分比，第二、第三产业占比，转产转业劳动力比例 4 个三级指标；科技人才支持包括万人专利授权数量、每万人高中生人数、牧民培训比例 3 个三级指标；绿色发展保障包括生态补偿与生产总值的比值、牧民人均生态补奖数额、生态管护公益岗位与牧民户数比例 3 个三级指标。

（二）指标权重确定

本书采用客观赋权法、主观赋权法相结合的组合赋权方法确定各项指标权重，以避免单一赋权方法可能造成的偏误。客观赋权法采用熵值法确定各指标的权重值；主观赋权法采用层次分析法，在 10 名精准扶贫专家和 10 名农业农村相关部门管理人员分层两两比较打分的基础上确定各指标的权重；然后把上述两种方法计算出来的权重进行组合赋权。组合赋权公式为：

$$W_i = a_i b_i / \sum_{i=1}^{n} a_i b_i, \ i=1, 2, \cdots, n \tag{4-1}$$

式（4-1）中，w_i 为权重组合，a_i、b_i 分别为层次分析法和熵值法单独赋权的权重。[①]

1. 层次分析法权重确定

首先，构建判断矩阵。自制《〈三江源国家公园生态保护与牧民增收指标体系〉专家咨询函》（见附录），分层构建相关的判断矩阵，针对上一层次某要素，同一层次要素两两作比较，将每一层次内各个因素的相对重要性用数值形式表示，进而建立一个 n 阶判断矩阵。

其次，专家赋分法。组建三江源国家公园生态保护与牧民增收指标体系评价专家小组，聘请青海大学、青海师范大学、青海民族大学及青海省委党校的 10 名生态保护和精准扶贫领域的教授和青海省发改委、青海省扶贫办（乡村振兴局）、青海省移民局、三江源国家公园管理局的 10 名部门负责人及相关管理人员。将《〈三江源国家公园生态保护与牧民增收指标体系〉专家咨询函》分别发送至相关专家，并及时回收。在此基础上进行数据整理，求取平均值。

最后，进行权重求解。根据专家评分结果，用和积法计算指标权重，再进行一致性检验。本书使用 DPS17. 50 统计分析软件进行层次分析，计算得出各指标权重。具体操作步骤如下。

（1）A-B 层一致性检验。

第一层判断矩阵中，A 为三江源国家公园生态保护指标体系的决策目标层，B 为准则层，由三个一级指标构成，即水土资源保护、生物多

① 胡西武等：《宁夏生态移民村空间剥夺测度及影响因素》，《地理学报》2020 年第 10 期。

样性保护、绿色发展方式，依次由 B1、B2、B3 表示，得出 A-Bi（i=1，…，3）的判断矩阵（见表 4-4）。

表 4-4　A-Bi 的判断矩阵

A	B（1）	B（2）	B（3）	W	位次
B（1）	1	1.12	0.97	0.3424	1
B（2）	0.8929	1	0.95	0.3153	3
B（3）	1.0309	1.0526	1	0.3423	2

$\lambda_{max}=3.0010$，$CI=0.0005$，$RI=0.5180$，$CR=0.0009<0.1$，一致性检验通过。

（2）B-C 层一致性检验。

B1-B3 指标层各分别对应 8 个指标层。运用 DPS17.50 软件分别对三个准则层—指标层的矩阵进行分析，得出 B-Ci（i=1，…，8）的判断矩阵。

①B1-Ci 的判断矩阵。

表 4-5　B1-Ci 的判断矩阵

B（1）	C（1）	C（2）	C（3）	W	位次
C（1）	1	1.0600	1.0800	0.3484	1
C（2）	0.9434	1	1.0700	0.3341	2
C（3）	0.9259	0.9346	1	0.3174	3

$\lambda_{max}=3.0003$，$CI=0.0001$，$RI=0.5180$，$CR=0.0003<0.1$，一致性检验通过。

②B2-Ci 的判断矩阵。

表 4-6　B2-Ci 的判断矩阵

B（2）	C（4）	C（5）	W	位次
C（4）	1	1.0200	0.5050	1
C（5）	0.9804	1	0.4950	2

$\lambda_{max}=2.0000$，$CI=0.0000$，$RI=0.0000$，$CR=0.0000<0.1$，一致性检验通过。

③B3-Ci 的判断矩阵。

表 4-7　　B3-Ci 的判断矩阵

B（3）	C（6）	C（7）	C（8）	W	位次
C（6）	1	1.0300	1.0200	0.3388	1
C（7）	0.9709	1	1.0300	0.3333	2
C（8）	0.9804	0.9709	1	0.3279	3

$\lambda_{max}=3.0002$，$CI=0.0001$，$RI=0.5180$，$CR=0.0002<0.1$，一致性检验通过。

在此基础上，形成 B-C 层次总排序判断矩阵（见表 4-8）。

表 4-8　　B-C 层次总排序判断矩阵

C\B	B（1）	B（2）	B（3）	CW	位次
Bi 权重	0.3424	0.3153	0.3423		
C（1）	0.3484	0	0	0.1193	3
C（2）	0.3341	0	0	0.1144	5
C（3）	0.3174	0	0	0.1087	8
C（4）	0	0.505	0	0.1592	1
C（5）	0	0.495	0	0.1561	2
C（6）	0	0	0.3388	0.116	4
C（7）	0	0	0.3333	0.1141	6
C（8）	0	0	0.3279	0.1122	7

$CI=0.0000$，$RI=0.3547$，$CR=0.0011<0.1$，B-C 层一致性检验通过。

（3）C-D 层一致性检验。

①C1-Di 的判断矩阵。

表 4-9 C1-Di 的判断矩阵

C（1）	D（1）	D（2）	D（3）	W	位次
D（1）	1	1.1100	1.1800	0.3636	1
D（2）	0.9009	1	1.1400	0.3353	2
D（3）	0.8475	0.8772	1	0.3011	3

$\lambda_{max}=3.0005$，$CI=0.0003$，$RI=0.5180$，$CR=0.0005<0.1$，一致性检验通过。

②C2-Di 的判断矩阵。

表 4-10 C2-Di 的判断矩阵

C（2）	D（4）	D（5）	D（6）	W	位次
D（4）	1	1.0500	1.1500	0.3544	1
D（5）	0.9524	1	1.0900	0.3370	2
D（6）	0.8696	0.9174	1	0.3087	3

$\lambda_{max}=3.0000$，$CI=0.0000$，$RI=0.5180$，$CR=0.0000<0.1$，一致性检验通过。

③C3-Di 的判断矩阵。

表 4-11 C3-Di 的判断矩阵

C（3）	D（7）	D（8）	D（9）	W	位次
D（7）	1	1.1500	1.2500	0.3741	1
D（8）	0.8696	1	1.2000	0.3363	2
D（9）	0.8000	0.8333	1	0.2896	3

$\lambda_{max}=3.0011$，$CI=0.0005$，$RI=0.5180$，$CR=0.0010<0.1$，一致性检验通过。

C4-Di 和 C5-Di 的三级指标只有一个，无法形成矩阵。

④C6-Di 的判断矩阵。

表 4-12　　C6-Di 的判断矩阵

C（6）	D（12）	D（13）	D（14）	D（15）	W	位次
D（12）	1	1. 0500	1. 1100	1. 1300	0. 2673	1
D（13）	0. 9524	1	1. 0900	1. 1100	0. 2585	2
D（14）	0. 9009	0. 9174	1	1. 1400	0. 2459	3
D（15）	0. 8850	0. 9009	0. 8772	1	0. 2283	4

$\lambda_{max}=4.0017$，$CI=0.0006$，$RI=0.8862$，$CR=0.0006<0.1$，一致性检验通过。

⑤C7-Di 的判断矩阵。

表 4-13　　C7-Di 的判断矩阵

C（7）	D（16）	D（17）	D（18）	W	位次
D（16）	1	1. 0400	1. 1300	0. 3512	1
D（17）	0. 9615	1	1. 1100	0. 3401	2
D（18）	0. 8850	0. 9009	1	0. 3086	3

$\lambda_{max}=3.0001$，$CI=0.0000$，$RI=0.5180$，$CR=0.0000<0.1$，一致性检验通过。

⑥C8-Di 的判断矩阵。

表 4-14　　C8-Di 的判断矩阵

C（8）	D（19）	D（20）	D（21）	W	位次
D（19）	1	1. 2100	1. 1900	0. 3749	1
D（20）	0. 8264	1	1. 1000	0. 3216	2
D（21）	0. 8403	0. 9091	1	0. 3035	3

$\lambda_{max}=3.0014$，$CI=0.0007$，$RI=0.5180$，$CR=0.0013<0.1$，一致性检验通过。

在此基础上，形成 C-D 层次总排序判断矩阵（见表 4-15）。

表 4-15　　C-D 层次总排序判断矩阵

D\C	C（1）	C（2）	C（3）	C（4）	C（5）	C（6）	C（7）	C（8）	CW	位次
Ci 权重	0. 1193	0. 1144	0. 1087	0. 1592	0. 1561	0. 1160	0. 1141	0. 1122		

续表

D\C	C(1)	C(2)	C(3)	C(4)	C(5)	C(6)	C(7)	C(8)	CW	位次
D(1)	0.3636	0	0	0	0	0	0	0	0.0434	3
D(2)	0.3353	0	0	0	0	0	0	0	0.0400	8
D(3)	0.3011	0	0	0	0	0	0	0	0.0359	13
D(4)	0	0.3544	0	0	0	0	0	0	0.0405	6
D(5)	0	0.337	0	0	0	0	0	0	0.0386	10
D(6)	0	0.3087	0	0	0	0	0	0	0.0353	14
D(7)	0	0	0.3741	0	0	0	0	0	0.0407	5
D(8)	0	0	0.3363	0	0	0	0	0	0.0365	11
D(9)	0	0	0.2896	0	0	0	0	0	0.0315	17
D(10)	0	0	0	1	0	0	0	0	0.1592	1
D(11)	0	0	0	0	1	0	0	0	0.1561	2
D(12)	0	0	0	0	0	0.2673	0	0	0.0310	18
D(13)	0	0	0	0	0	0.2585	0	0	0.0300	19
D(14)	0	0	0	0	0	0.2459	0	0	0.0285	20
D(15)	0	0	0	0	0	0.2283	0	0	0.0265	21
D(16)	0	0	0	0	0	0	0.3512	0	0.0401	7
D(17)	0	0	0	0	0	0	0.3401	0	0.0388	9
D(18)	0	0	0	0	0	0	0.3086	0	0.0352	15
D(19)	0	0	0	0	0	0	0	0.3749	0.0421	4
D(20)	0	0	0	0	0	0	0	0.3216	0.0361	12
D(21)	0	0	0	0	0	0	0	0.3035	0.0341	16

$CI=0.0001$，$RI=0.7127$，$CR=0.0024<0.1$，C-D 层一致性检验通过。

（4）各指标层权重结果。

据此，获得各项指标权重（见表 4-16）。

表 4-16　三江源国家公园生态保护指标权重（层次分析法）

指标	权重	指标	权重	指标	权重
草地植被覆盖度（%）	0.0434	三江源头水质（类型）	0.0365	转产转业劳动力比例（%）	0.0265

续表

指标	权重	指标	权重	指标	权重
森林覆盖率（%）	0.0400	三江源水资源总量增长率（%）	0.0315	万人专利授权数量（件/万人）	0.0401
湿地保护面积比例（%）	0.0359	野生植物种群数量（种）	0.1592	每万人高中生人数（人）	0.0388
草地植被盖度增长率（%）	0.0405	野生动物种群数量（种）	0.1561	牧民培训比例（%）	0.0352
沙化土地植被盖度增长率（%）	0.0386	年产草量增长百分比（%）	0.0310	生态补偿与生产总值的比值（%）	0.0421
土地侵蚀面积占区域土地面积（%）*	0.0353	年存栏牲畜增长百分比（%）*	0.0300	牧民人均生态补奖数额（元）	0.0361
生态环境状况指数（EI）	0.0407	第二、第三产业占比（%）	0.0285	生态管护公益岗位与牧民户数比例（%）	0.0341

2. 熵值法权重确定

熵值法的权重确定步骤如下。

（1）构建矩阵。

以21个评价指标，三江源国家公园、治多县、曲麻莱县、杂多县、玛多县为评价样本，根据获取的相关数据，形成一个m×n的矩阵。

（2）数据标准化。

将三江源国家公园、治多县、曲麻莱县、杂多县、玛多县的21个生态保护指标值进行标准化（见表4-17）。

表4-17　三江源国家公园生态保护指标数据标准化结果

指标	三江源国家公园	治多县	曲麻莱县	杂多县	玛多县
草地植被覆盖度（%）	0.6239	1.0001	0.6283	0.8675	0.0001
森林覆盖率（%）	0.5001	0.2501	1.0001	0.7501	0.0001
湿地保护面积比例（%）	0.4776	0.0001	1.0001	0.1713	0.7388
草地植被盖度增长率（%）	0.9687	0.9732	0.0001	0.2762	1.0001
沙化土地植被盖度增长率（%）	0.5001	0.0001	1.0001	0.2501	0.7501
土地侵蚀面积占区域土地面积（%）*	0.2172	0.0001	0.0001	0.5665	1.0001
生态环境状况指数（EI）	0.4858	0.0001	0.1430	0.7858	1.0001

续表

指标	三江源国家公园	治多县	曲麻莱县	杂多县	玛多县
三江源头水质（类型）	0.5001	0.2501	0.7501	0.0001	1.0001
三江源水资源总量增长率（%）	0.1900	0.0001	0.0001	0.1501	1.0001
野生植物种群数量（种）	1.0001	0.5631	0.0120	0.0001	0.0475
野生动物种群数量（种）	1.0001	0.5677	0.0091	0.0001	0.0451
年产草量增长百分比（%）	0.2198	1.0001	0.2531	0.0001	0.1373
年存栏牲畜增长百分比（%）*	0.4439	0.0001	1.0001	0.1824	0.8528
第二、第三产业占比（%）	0.3420	0.1138	0.2441	0.0001	1.0001
转产转业劳动力比例（%）	0.4760	0.8765	1.0001	0.0001	0.0272
万人专利授权数量（件/万人）	0.2001	0.0001	0.0001	1.0001	0.0001
每万人高中生人数（人）	0.3676	0.2405	0.2293	1.0001	0.0001
牧民培训比例（%）	0.7228	1.0001	0.0001	0.8572	0.9763
生态补偿与生产总值的比值（%）	1.0001	0.0001	0.0001	0.0001	0.0001
牧民人均生态补奖数额（元）	0.5251	0.0001	1.0001	0.4001	0.7001
生态管护公益岗位与牧民户数比例（%）	0.6155	0.0001	0.6924	1.0001	0.7693

（3）计算各指标的信息熵。

计算结果如表 4-18 所示。

表 4-18　　三江源国家公园生态保护指标信息熵计算结果

指标	信息熵	指标	信息熵	指标	信息熵
草地植被覆盖度（%）	0.8484	三江源头水质	0.7955	转产转业劳动力比例（%）	0.6870
森林覆盖率（%）	0.7955	三江源水资源总量增长率（%）	0.4611	万人专利授权数量（件/万人）	0.2815
湿地保护面积比例（%）	0.7697	野生植物种群数量（种）	0.5006	每万人高中生人数（人）	0.7328
草地植被盖度增长率（%）	0.8061	野生动物种群数量（种）	0.4940	牧民培训比例（%）	0.8566
沙化土地植被盖度增长率（%）	0.7955	年产草量增长百分比（%）	0.6642	生态补偿与生产总值的比值（%）	0.0025

续表

指标	信息熵	指标	信息熵	指标	信息熵
土地侵蚀面积占区域土地面积（%）	0.5879	年存栏牲畜增长百分比（%）*	0.7665	牧民人均生态补奖数额（元）	0.8258
生态环境状况指数（EI）	0.7585	第二、第三产业占比（%）	0.6803	生态管护公益岗位与牧民户数比例（%）	0.8510

（4）计算各指标的权重值。

计算结果如表 4-19 所示。

表 4-19　三江源国家公园生态保护指标权重（熵值法）

指标	权重	指标	权重	指标	权重
草地植被覆盖度（%）	0.0215	三江源头水质	0.0291	转产转业劳动力比例（%）	0.0445
森林覆盖率（%）	0.0291	三江源水资源总量增长率（%）	0.0766	万人专利授权数量（件/万人）	0.1021
湿地保护面积比例（%）	0.0327	野生植物种群数量（种）	0.0709	每万人高中生人数（人）	0.0380
草地植被盖度增长率（%）	0.0276	野生动物种群数量（种）	0.0719	牧民培训比例（%）	0.0204
沙化土地植被盖度增长率（%）	0.0291	年产草量增长百分比（%）	0.0477	生态补偿与生产总值的比值（%）	0.1417
土地侵蚀面积占区域土地面积（%）*	0.0585	年存栏牲畜增长百分比（%）*	0.0332	牧民人均生态补奖数额（元）	0.0247
生态环境状况指数（EI）	0.0343	第二、第三产业占比（%）	0.0454	生态管护公益岗位与牧民户数比例（%）	0.0212

3. 综合权重确定

把上述两种方法计算出来的权重进行组合赋权。根据式（4-1），形成了层次分析法（a_i）、熵值法（b_i）的组合赋权（见表 4-20）。

表 4-20　三江源国家公园生态保护指标权重（组合赋权法）

指标	a_i	b_i	$a_i \times b_i$	综合权重	指标	a_i	b_i	$a_i \times b_i$	综合权重
草地植被覆盖度（%）	0.0434	0.0215	0.0009	0.0174	年产草量增长百分比（%）	0.0310	0.0477	0.0015	0.0275

续表

指标	a_i	b_i	$a_i \times b_i$	综合权重	指标	a_i	b_i	$a_i \times b_i$	综合权重
森林覆盖率（%）	0.0400	0.0291	0.0012	0.0216	年存栏牲畜增长百分比（%）	0.0300	0.0332	0.0010	0.0185
湿地保护面积比例（%）	0.0359	0.0327	0.0012	0.0218	第二、第三产业占比（%）	0.0285	0.0454	0.0013	0.0241
草地植被盖度增长率（%）	0.0405	0.0276	0.0011	0.0208	转产转业劳动力比例（%）	0.0265	0.0445	0.0012	0.0219
沙化土地植被盖度增长率（%）	0.0386	0.0291	0.0011	0.0209	万人专利授权数量（件/万人）	0.0401	0.1021	0.0041	0.0761
土地侵蚀面积占区域土地面积（%）*	0.0353	0.0585	0.0021	0.0384	每万人高中生人数（人）	0.0388	0.0380	0.0015	0.0274
生态环境状况指数（EI）	0.0407	0.0343	0.0014	0.0260	牧民培训比例（%）	0.0352	0.0204	0.0007	0.0133
三江源头水质	0.0365	0.0291	0.0011	0.0197	生态补偿与生产总值的比值（%）	0.0421	0.1417	0.0060	0.1109
三江源水资源总量增长率（%）	0.0315	0.0766	0.0024	0.0448	牧民人均生态补奖数额（元）	0.0361	0.0247	0.0009	0.0166
野生植物种群数量（种）	0.1592	0.0709	0.0113	0.2101	生态管护公益岗位与牧民户数比例（%）	0.0341	0.0212	0.0007	0.0134
野生动物种群数量（种）	0.1561	0.0719	0.0112	0.2087					

（三）三江源国家公园生态保护状况评估

在构建三江源国家公园生态保护评价指标体系的基础上，以生态保护各项指标的标准化数据为依据，结合各项指标的综合权重，对三江源国家公园生态保护状况进行评价。生态保护评价值的取值范围为［0，1］，值越大，代表生态保护效果越好。按五等均分法，0.2以下为极低，大于0.2而小于等于0.4为较低，大于0.4而小于等于0.6为中等，大于0.6而小于等于0.8为较高，大于0.8而小于等于1为极高。结果显示，三江源国家公园的生态保护综合评价值为0.7166，生态保护处于较高水平。其中水土资源保护、生物多样性保护、绿色发展方式的综合评价值分别为0.1020、0.4188、0.1958，生物多样性水平最高，水土资源保护水平最低，绿色发展方式居中。属地各县的生态保护综合评价值均低于三江源国家公园整体水平，各县之间生态保护水平存在较大差异。其中，治多县生态保护水平最高（0.3541），其次是玛多县（0.2801），再次是杂多县（0.2333），最低的是曲麻莱县（0.1837）（见表4-21）。

表4-21　　三江源国家公园及属地各县生态保护测算结果

区域	水土资源保护	生物多样性保护	绿色发展方式	生态保护综合评价值
三江源国家公园	0.1020	0.4188	0.1958	0.7166
治多县	0.0479	0.2368	0.0694	0.3541
曲麻莱县	0.0938	0.0044	0.0855	0.1837
杂多县	0.0949	0.0000	0.1384	0.2333
玛多县	0.1815	0.0194	0.0792	0.2801

资料来源：笔者根据相关资料整理所得。

第二节　三江源国家公园牧民增收能力评估

一　指标体系构建与权重确定

Schultz指出，人的能力和素质是决定贫富的关键。[①] Sen认为，能力贫困是贫困产生的根源。[②] 联合国开发计划署（UNDP）在《人类发展报告（1990）》中首次引入“能力贫困”概念并将其分为基本生存能力、健康生育能力、接受教育与获得知识能力四类。英国国际发展署（DFID）构建了以人力资本、社会资本、物质资本、自然资本和金融资本为核心要素的可持续生计分析框架。Sen提出了可行能力理论，认为可行能力可以由政治自由、经济条件、社会机会、透明性保证和防护性保障进行测量。[③] 习近平总书记提出，多给贫困群众培育可持续发展的产业，多给贫困群众培育可持续脱贫的机制，多给贫困群众培育可持续

① 舒尔茨：《论人力资本投资》，北京经济学院出版社1990年版，第54页。

② 阿马蒂亚·森：《以自由看待发展》，中国人民大学出版社2012年版，第15页。

③ 阿马蒂亚·森：《什么样的平等》，《世界哲学》2002年第2期。

致富的动力。[①] 2021 年 12 月，中央农村工作会议指出，要守住不发生规模性返贫的底线。[②] 牧民增收能力是在上述理论基础上，在我国新时代中国特色社会主义全面推进的时代背景下，在由全面建设小康社会向建设社会主义现代化新征程迈进的历史进程中，在由解决绝对贫困为主向解决相对贫困为主的阶段转变，由解决生存贫困为主向解决发展贫困为主的问题转型，由外力推动脱贫向内生发展脱贫的动力转换的新形势下，结合“六个现代化新青海”建设要求，为实现青海省牧区群众由解决基本生计向提高发展能力的重心转移、守住不发生规模性返贫底线、加快推进共同富裕而提出的应对策略和有力举措。

牧民增收能力是指通过优化资源配置，完善制度设计，提升发展环境，激活内生要素，不断增强牧民的健康保障能力、家庭增收能力、资产积累能力、竞争合作能力，使牧民收入持续增加，生活持续改善，素质持续提升，彻底摆脱贫困，收入差距不断缩小，共同富裕最终实现。其中，健康保障能力是牧民增收能力的基础，指牧民保持身心健康的能力，具体包括良好的个人身体素质、生产生活环境、医疗服务设施、心理治疗体系等。家庭增收能力是牧民增收能力的核心，指牧民持续增加收入的能力，具体包括基本的文化素质、实用的致富技能、有效的技术培训、较多的就业机会等。资产积累能力是牧民增收能力的保障，指牧民资产积累及资产收益的能力，具体包括较强的资产获取能力、资产管理能力、资产运营能力、社会融资能力等。竞争合作能力是牧民增收能力的关键，指牧民参与竞争及合作共事的能力，具体包括较高的创新创业能力、信息整合能力、社会交往能力、终身学习能力等。

根据上述理论框架，按照科学性、现实性、可操作性等原则，结合三江源国家公园当地实际情况，从健康保障能力、家庭增收能力、资产积累能力以及竞争合作能力 4 个维度，选取 37 项具体指标构建三江源国家公园牧民增收能力评价指标体系。

健康保障能力，用身心健康能力、社会保障能力、生活环境状况 3

---

① 新华社：《习近平春节前夕赴河北张家口看望慰问基层干部群众》，中国共产党新闻网，http：//cpc. people. com. cn/n1/2017/0124/c64094-29047264. html.

② 金观平：《守住不发生规模性返贫底线》，《经济日报》2021 年 12 月 28 日第 1 版。

个二级指标来测度。其中，身心健康能力包括反映基本身体素质和心理健康水平 2 个三级指标；社会保障能力包括反映医疗服务水平、医疗保障水平、养老保障水平的 3 个三级指标；生活环境状况包括反映生产环境条件、生活卫生条件、生活环境质量、绿色生活品质的 5 个三级指标。

家庭增收能力，用劳动力基本状况、劳动技能掌握、收入来源稳定性 3 个二级指标来测度。其中，劳动力基本状况包括反映劳动力数量、非农劳动力数量、劳动力基本素质的 3 个三级指标；劳动技能掌握包括反映劳动力致富技能、劳动力技术培训、劳动力语言沟通能力的 3 个三级指标；收入来源稳定性包括反映家庭经营性收入、收入来源多样性、区域增收机会的 3 个三级指标。

资产积累能力，用家庭资产状况、家庭资产收入、资产增收潜力等 3 个二级指标来测度。其中，家庭资产状况包括反映草场资源数量、家庭牲畜数量、家庭存款数量、家庭固定资产的 4 个三级指标；家庭资产收入包括反映土地流转收入、土地闲置情况、房屋闲置情况的 3 个三级指标；资产增收潜力包括反映信用贷款数量、家庭收入增长情况的 2 个三级指标。

竞争合作能力，用竞争能力、合作能力、发展潜力 3 个二级指标来测度。其中，竞争能力包括反映创业经营能力、投资管理能力、资源组织能力、资金获取能力的 4 个三级指标；合作能力包括反映合作发展能力、商务交往能力、生活融通能力的 3 个三级指标；发展潜力包括反映社会适应能力、自我提升能力的 2 个三级指标。

同时，依据上节所介绍的组合赋权法确定牧民增收能力各项指标的权重（见表 4-22）。

表 4-22　　三江源国家公园牧民增收能力指标体系

一级指标	二级指标	三级指标	指标释义
健康保障能力	身心健康能力	健康人口比例（%）	反映基本身体素质情况
		心理健康人口比例（%）	反映心理健康水平
	社会保障能力	对村级医疗服务满意度（分级测评）	反映医疗服务水平
		医疗保险参与率（%）	反映医疗保障水平
		养老保险参与率（%）	反映养老保障水平

续表

一级指标	二级指标	三级指标	指标释义
健康保障能力	生活环境状况	农业机械化程度（分级测评）	反映生产环境条件
		卫生厕所配套状况（分级测评）	反映生活卫生条件
		生活污水处理率（%）	反映生活环境质量
		生活垃圾无害化处理率（%）	反映生活环境质量
		清洁能源使用率（%）	反映绿色生活品质
家庭增收能力	劳动力基本状况	劳动力占家庭人口的比例（%）	反映劳动力数量
		非农劳动力占劳动力的比例（%）	反映非农劳动力数量
		劳动力平均受教育年限（年）	反映劳动力基本素质
	劳动技能掌握	掌握实用技术人员占劳动力人口的比例（%）	反映劳动力致富技能
		劳动力技术培训的比例（%）	反映劳动力技术培训情况
		会讲汉语的人数所占比例（%）	反映劳动力语言沟通能力
	收入来源稳定性	经营性收入占家庭收入的比例（%）	反映家庭经营性收入情况
		家庭收入来源数量（种）	反映收入来源多样性
		到县城的距离（千米）*	反映区域增收机会
资产积累能力	家庭资产状况	草场承包面积（亩）	反映家庭草场资源数量
		家庭饲养的牛羊数量（只）	反映家庭牲畜资源数量
		家庭收支平衡结余金额（元）	反映家庭存款数量
		现有固定资产估价（万元）	反映家庭固定资产数量
	家庭资产收入	土地流转收入占家庭总收入的比例（%）	反映土地流转收入
		闲置土地面积占比（%）*	反映土地闲置情况
		闲置房屋面积占比（%）*	反映房屋闲置情况
	资产增收潜力	信用贷款占家庭总收入的比例（%）	反映信用贷款情况
		家庭收入增幅（%）	反映家庭收入增长情况
竞争合作能力	竞争能力	经商办企业情况（分级测评）	反映创业经营能力
		分红收入占家庭总收入比例（%）	反映投资管理能力
		家庭成员中村干部人数（人）	反映资源组织能力
		家庭融资能力（分级测评）	反映资金获取能力
	合作能力	参加合作社和其他组织的个数（个）	反映合作发展能力
		社会交往支出占总支出的比例（%）	反映商务交往能力
		参加社区活动的积极性（分级测评）	反映生活融通能力

续表

一级指标	二级指标	三级指标	指标释义
竞争合作能力	发展潜力	网络购物消费状况（分级测评）	反映社会适应能力
		闲暇时间每天学习的时间（小时）	反映自我提升能力

二　指标权重确定

本书采用客观赋权法、主观赋权法相结合的组合赋权方法确定各项指标权重。主观赋权法选用层次分析法，客观赋权法采用熵值法，然后按照式（4-1）进行综合权重计算。

（一）层次分析法权重确定

构建判断矩阵、专家赋分、权重求解的方法与本章第一节相同。计算结果如下：

1. A-B 层一致性检验

第一层判断矩阵中，A 为三江源国家公园牧民增收能力指标体系的决策目标层，B 为准则层，由 4 个一级指标构成，即健康保障能力、家庭增收能力、资产积累能力以及竞争合作能力，依次由 B1、B2、B3、B4 表示，得出 A-Bi（i=1，…，4）的判断矩阵（见表 4-23）。

表 4-23　A-Bi 的判断矩阵

A	B（1）	B（2）	B（3）	B（4）	W	位次
B（1）	1	1.2500	1.2200	1.2400	0.2917	1
B（2）	0.8	1	1.1500	1.1700	0.2534	2
B（3）	0.8197	0.8696	1	0.9800	0.2272	4
B（4）	0.8065	0.8547	1.0204	1	0.2276	3

$\lambda_{max}=4.0036$，$CI=0.0012$，$RI=0.8862$，$CR=0.0013<0.1$，一致性检验通过。

2. B-C 层一致性检验

B1-B4 指标层各分别对应 12 个指标层。运用 DPS17.50 软件分别对四个准则层—指标层的矩阵进行分析，得出 B-Ci（i=1，…，12）的判断矩阵。

（1）B1-Ci 的判断矩阵。

表 4-24　　B1-Ci 的判断矩阵

B（1）	C（1）	C（2）	C（3）	W	位次
C（1）	1	1.1100	1.0600	0.3516	1
C（2）	0.9009	1	1.0500	0.3270	2
C（3）	0.9434	0.9524	1	0.3214	3

$\lambda_{max}=3.0010$，$CI=0.0005$，$RI=0.5180$，$CR=0.0010<0.1$，一致性检验通过。

（2）B2-Ci 的判断矩阵。

表 4-25　　B2-Ci 的判断矩阵

B（2）	C（4）	C（5）	C（6）	W	位次
C（4）	1	1.0300	1.0200	0.3388	1
C（5）	0.9709	1	1.0300	0.3333	2
C（6）	0.9804	0.9709	1	0.3279	3

$\lambda_{max}=3.0002$，$CI=0.0001$，$RI=0.5180$，$CR=0.0002<0.1$，一致性检验通过。

（3）B3-Ci 的判断矩阵。

表 4-26　　B3-Ci 的判断矩阵

B（3）	C（7）	C（8）	C（9）	W	位次
C（7）	1	1.0200	1.0400	0.3399	1
C（8）	0.9804	1	1.0600	0.3375	2
C（9）	0.9615	0.9434	1	0.3226	3

$\lambda_{max}=3.0002$，$CI=0.0001$，$RI=0.5180$，$CR=0.0002<0.1$，一致性检验通过。

（4）B4-Ci 的判断矩阵。

表 4-27　　B4-Ci 的判断矩阵

B（4）	C（10）	C（11）	C（12）	W	位次
C（10）	1	1.0500	1.0600	0.3453	1
C（11）	0.9524	1	1.0300	0.3311	2
C（12）	0.9434	0.9709	1	0.3236	3

$\lambda_{max}=3.0000$，$CI=0.0000$，$RI=0.5180$，$CR=0.0000<0.1$，一致性检验通过。

在此基础上，形成 B-C 层次总排序判断矩阵（见表 4-28）。

表 4-28　　B-C 层次总排序判断矩阵

C\B	B（1）	B（2）	B（3）	B（4）	CW	位次
Bi 权重	0.2917	0.2534	0.2272	0.2276		
C（1）	0.3516	0	0	0	0.1026	1
C（2）	0.3270	0	0	0	0.0954	2
C（3）	0.3214	0	0	0	0.0938	3
C（4）	0	0.3388	0	0	0.0859	4
C（5）	0	0.3333	0	0	0.0845	5
C（6）	0	0.3279	0	0	0.0831	6
C（7）	0	0	0.3399	0	0.0772	8
C（8）	0	0	0.3375	0	0.0767	9
C（9）	0	0	0.3226	0	0.0733	12
C（10）	0	0	0	0.3453	0.0786	7
C（11）	0	0	0	0.3311	0.0754	10
C（12）	0	0	0	0.3236	0.0737	11

$CI=0.0000$，$RI=0.5180$，$CR=0.0014<0.1$，B-C 层一致性检验通过。

3. C-D 层一致性检验

（1）C1-Di 的判断矩阵。

表 4-29　　C1-Di 的判断矩阵

C（1）	D（1）	D（2）	W	位次
D（1）	1	1.3000	0.5652	1
D（2）	0.7692	1	0.4348	2

$\lambda_{max}=2.0000$，$CI=0.0000$，$RI=0.0000$，$CR=0.0000<0.1$，一致性检验通过。

（2）C2-Di 的判断矩阵。

表 4-30　　C2-Di 的判断矩阵

C（2）	D（3）	D（4）	D（5）	W	位次
D（3）	1	1.1000	1.0800	0.3527	1
D（4）	0.9091	1	1.0500	0.3279	2
D（5）	0.9259	0.9524	1	0.3194	3

$\lambda_{max}=3.0005$，$CI=0.0003$，$RI=0.5180$，$CR=0.0005<0.1$，一致性检验通过。

（3）C3-Di 的判断矩阵。

表 4-31　　C3-Di 的判断矩阵

C（3）	D（6）	D（7）	D（8）	D（9）	D（10）	W	位次
D（6）	1	1.1000	1.1600	1.0600	1.1000	0.2162	1
D（7）	0.9091	1	1.2000	1.0900	1.1300	0.2118	2
D（8）	0.8621	0.8333	1	1.0500	1.1300	0.1935	4
D（9）	0.9434	0.9174	0.9524	1	1.0700	0.1945	3
D（10）	0.9091	0.8850	0.8850	0.9346	1	0.1840	5

$\lambda_{max}=5.0061$，$CI=0.0015$，$RI=1.1089$，$CR=0.0014<0.1$，一致性检验通过。

（4）C4-Di 的判断矩阵。

表 4-32　　C4-Di 的判断矩阵

C（4）	D（11）	D（12）	D（13）	W	位次
D（11）	1	0.9700	1.2000	0.3502	1
D（12）	1.0309	1	1.0200	0.3386	2
D（13）	0.8333	0.9804	1	0.3112	3

$\lambda_{max}=3.0041$，$CI=0.0021$，$RI=0.5180CR=0.0040<0.1$，一致性检验通过。

（5）C5-Di 的判断矩阵。

表 4-33　C5-Di 的判断矩阵

C（5）	D（14）	D（15）	D（16）	W	位次
D（14）	1	1.2700	1.2000	0.3816	1
D（15）	0.7874	1	1.1000	0.3161	2
D（16）	0.8333	0.9091	1	0.3023	3

$\lambda_{max}=3.0026$，$CI=0.0013$，$RI=0.5180$，$CR=0.0025<0.1$，一致性检验通过。

（6）C6-Di 的判断矩阵。

表 4-34　C6-Di 的判断矩阵

C（6）	D（17）	D（18）	D（19）	W	位次
D（17）	1	1.2200	1.3100	0.3868	1
D（18）	0.8197	1	1.1800	0.3271	2
D（19）	0.7634	0.8475	1	0.2861	3

$\lambda_{max}=3.0010$，$CI=0.0005$，$RI=0.5180$，$CR=0.0010<0.1$，一致性检验通过。

（7）C7-Di 的判断矩阵。

表 4-35　C7-Di 的判断矩阵

C（7）	D（20）	D（21）	D（22）	D（23）	W	位次
D（20）	1	1.1000	1.0800	1.0600	0.2645	1
D（21）	0.9091	1	1.1300	1.1000	0.2575	2
D（22）	0.9259	0.885	1	1.1200	0.2444	3
D（23）	0.9434	0.9091	0.8929	1	0.2336	4

$\lambda_{max}=4.0047$，$CI=0.0016$，$RI=0.8862$，$CR=0.0017<0.1$，一致

性检验通过。

（8）C8-Di 的判断矩阵。

表 4-36　　C8-Di 的判断矩阵

C（8）	D（24）	D（25）	D（26）	W	位次
D（24）	1	1.5000	1.3000	0.4110	1
D（25）	0.6667	1	1.2000	0.3054	2
D（26）	0.7692	0.8333	1	0.2836	3

$\lambda_{max}=3.0118$，$CI=0.0059$，$RI=0.5180$，$CR=0.0114<0.1$，一致性检验通过。

（9）C9-Di 的判断矩阵。

表 4-37　　C9-Di 的判断矩阵

C（9）	D（27）	D（28）	W	位次
D（27）	1	0.9500	0.4872	2
D（28）	1.0526	1	0.5128	1

$\lambda_{max}=2.0000$，$CI=0.0000$，$RI=0.0000$，$CR=0.0000<0.1$，一致性检验通过。

（10）C10-Di 的判断矩阵。

表 4-38　　C10-Di 的判断矩阵

C（10）	D（29）	D（30）	D（31）	D（32）	W	位次
D（29）	1	1.0500	1.0500	1.0600	0.2598	1
D（30）	0.9524	1	1.1100	1.0600	0.2571	2
D（31）	0.9524	0.9009	1	1.0300	0.2423	3
D（32）	0.9434	0.9434	0.9709	1	0.2408	4

$\lambda_{max}=4.0012$，$CI=0.0004$，$RI=0.8862$，$CR=0.0005<0.1$，一致性检验通过。

（11）C11-Di 的判断矩阵。

表 4-39　　C11-Di 的判断矩阵

C（11）	D（33）	D（34）	D（35）	W	位次
D（33）	1	1. 1000	1. 1500	0. 3597	1
D（34）	0. 9091	1	1. 1200	0. 3346	2
D（35）	0. 8696	0. 8929	1	0. 3057	3

$\lambda_{max}=3.0005$，$CI=0.0003$，$RI=0.5180$，$CR=0.0005<0.1$，一致性检验通过。

（12）C12-Di 的判断矩阵。

表 4-40　　C12-Di 的判断矩阵

C（12）	D（36）	D（37）	W	位次
D（36）	1	0. 9400	0. 4845	2
D（37）	1. 0638	1	0. 5155	1

$\lambda_{max}=2.0000$，$CI=0.0000$，$RI=0.0000$，$CR=0.0000<0.1$，一致性检验通过。

在此基础上，形成 C-D 层次总排序判断矩阵（见表 4-41）。

表 4-41　　C-D 层次总排序判断矩阵

D\C	C(1)	C(2)	C(3)	C(4)	C(5)	C(6)	C(7)	C(8)	C(9)	C(10)	C(11)	C(12)	CW	位次
Ci 权重	0. 1026	0. 0954	0. 0938	0. 0859	0. 0845	0. 0831	0. 0772	0. 0767	0. 0733	0. 0786	0. 0754	0. 0737		
D(1)	0. 5652	0	0	0	0	0	0	0	0	0	0	0	0. 0580	1
D(2)	0. 4348	0	0	0	0	0	0	0	0	0	0	0	0. 0446	2
D(3)	0	0. 3527	0	0	0	0	0	0	0	0	0	0	0. 0336	7
D(4)	0	0. 3279	0	0	0	0	0	0	0	0	0	0	0. 0313	11
D(5)	0	0. 3194	0	0	0	0	0	0	0	0	0	0	0. 0305	12
D(6)	0	0	0. 2162	0	0	0	0	0	0	0	0	0	0. 0203	27
D(7)	0	0	0. 2118	0	0	0	0	0	0	0	0	0	0. 0199	30
D(8)	0	0	0. 1935	0	0	0	0	0	0	0	0	0	0. 0181	35
D(9)	0	0	0. 1945	0	0	0	0	0	0	0	0	0	0. 0182	34
D(10)	0	0	0. 184	0	0	0	0	0	0	0	0	0	0. 0173	37

续表

D\C	C(1)	C(2)	C(3)	C(4)	C(5)	C(6)	C(7)	C(8)	C(9)	C(10)	C(11)	C(12)	CW	位次
D(11)	0	0	0	0.3502	0	0	0	0	0	0	0	0	0.0301	13
D(12)	0	0	0	0.3386	0	0	0	0	0	0	0	0	0.0291	14
D(13)	0	0	0	0.3112	0	0	0	0	0	0	0	0	0.0267	17
D(14)	0	0	0	0	0.3816	0	0	0	0	0	0	0	0.0322	8
D(15)	0	0	0	0	0.3161	0	0	0	0	0	0	0	0.0267	18
D(16)	0	0	0	0	0.3023	0	0	0	0	0	0	0	0.0255	19
D(17)	0	0	0	0	0	0.3868	0	0	0	0	0	0	0.0321	9
D(18)	0	0	0	0	0	0.3271	0	0	0	0	0	0	0.0272	15
D(19)	0	0	0	0	0	0.2861	0	0	0	0	0	0	0.0238	21
D(20)	0	0	0	0	0	0	0.2645	0	0	0	0	0	0.0204	25
D(21)	0	0	0	0	0	0	0.2575	0	0	0	0	0	0.0199	29
D(22)	0	0	0	0	0	0	0.2444	0	0	0	0	0	0.0189	33
D(23)	0	0	0	0	0	0	0.2336	0	0	0	0	0	0.018	36
D(24)	0	0	0	0	0	0	0	0.4110	0	0	0	0	0.0315	10
D(25)	0	0	0	0	0	0	0	0.3054	0	0	0	0	0.0234	22
D(26)	0	0	0	0	0	0	0	0.2836	0	0	0	0	0.0218	24
D(27)	0	0	0	0	0	0	0	0	0.4872	0	0	0	0.0357	5
D(28)	0	0	0	0	0	0	0	0	0.5128	0	0	0	0.0376	4
D(29)	0	0	0	0	0	0	0	0	0	0.2598	0	0	0.0204	26
D(30)	0	0	0	0	0	0	0	0	0	0.2571	0	0	0.0202	28
D(31)	0	0	0	0	0	0	0	0	0	0.2423	0	0	0.019	31
D(32)	0	0	0	0	0	0	0	0	0	0.2408	0	0	0.0189	32
D(33)	0	0	0	0	0	0	0	0	0	0	0.3597	0	0.0271	16
D(34)	0	0	0	0	0	0	0	0	0	0	0.3346	0	0.0252	20
D(35)	0	0	0	0	0	0	0	0	0	0	0.3057	0	0.023	23
D(36)	0	0	0	0	0	0	0	0	0	0	0	0.4845	0.0357	6
D(37)	0	0	0	0	0	0	0	0	0	0	0	0.5155	0.038	3

$CI=0.0000$，$RI=0.5015$，$CR=0.0014<0.1$，C-D 层一致性检验通过。

4. 各指标层权重结果

据此，获得各项指标权重（见表4-42）。

表4-42　三江源国家公园牧民增收能力指标权重（层次分析法）

指标	权重	指标	权重	指标	权重
健康人口比例（%）	0.058	掌握实用技术人员占劳动力人口的比例（%）	0.0322	信用贷款占家庭总收入的比例（%）	0.0357
心理健康人口比例（%）	0.0446	劳动力技术培训的比例（%）	0.0267	家庭收入增幅（%）	0.0376
对村级医疗服务满意度（分级测评）	0.0336	会讲汉语的人数所占比例（%）	0.0255	经商办企业情况（分级测评）	0.0204
医疗保险参与率（%）	0.0313	经营性收入占家庭收入的比例（%）	0.0321	分红收入占家庭总收入比例（%）	0.0202
养老保险参与率（%）	0.0305	家庭收入来源数量（种）	0.0272	家庭成员中村干部人数（人）	0.019
农业机械化程度（分级测评）	0.0203	到县城的距离（千米）*	0.0238	家庭融资能力（分级测评）	0.0189
卫生厕所配套状况（分级测评）	0.0199	草场承包面积（亩）	0.0204	参加合作社和其他组织的个数（个）	0.0271
生活污水处理率（%）	0.0181	家庭饲养的牛羊数量（只）	0.0199	社会交往支出占总支出的比例（%）	0.0252
生活垃圾无害化处理率（%）	0.0182	家庭收支平衡结余金额（元）	0.0189	参加社区活动的积极性（分级测评）	0.023
清洁能源使用率（%）	0.0173	现有固定资产估价（万元）	0.018	网络购物消费状况（分级测评）	0.0357
劳动力占家庭人口的比例（%）	0.0301	土地流转收入占家庭总收入的比例（%）	0.0315	闲暇时间每天学习的时间（小时）	0.038
非农劳动力占劳动力的比例（%）	0.0291	闲置土地面积占比（%）*	0.0234		
劳动力平均受教育年限（年）	0.0267	闲置房屋面积占比（%）*	0.0218		

（二）熵值法权重确定

熵值法的权重确定步骤如下。

1. 构建矩阵

以37个评价指标，三江源国家公园、治多县、曲麻莱县、杂多县、玛多县为评价样本，根据获取的相关数据，形成一个 m×n 的矩阵。

2. 数据标准化

将三江源国家公园、治多县、曲麻莱县、杂多县、玛多县的21个生态保护指标值进行标准化（见表4-43）。

表4-43　三江源国家公园生态保护牧民增收能力指标数据标准化结果

指标	三江源国家公园	治多县	曲麻莱县	杂多县	玛多县
健康人口比例（%）	0.6126	1.0001	0.0001	0.6952	0.0991
心理健康人口比例（%）	0.4169	0.5612	0.0001	0.3522	1.0001
对村级医疗服务满意度（分级测评）	0.6822	0.7767	0.0001	0.7939	1.0001
医疗保险参与率（%）	0.6703	0.4174	0.0001	1.0001	0.9298
养老保险参与率（%）	0.5538	0.0001	0.0434	1.0001	0.8640
农业机械化程度（分级测评）	0.7390	1.0001	0.0473	0.9720	0.0001
卫生厕所配套状况（分级测评）	0.6997	0.6210	0.0001	1.0001	0.6410
生活污水处理率（%）	0.4779	0.0374	0.0001	1.0001	0.0364
生活垃圾无害化处理率（%）	0.7238	0.6168	0.0001	1.0001	0.9040
清洁能源使用率（%）	0.5344	0.2369	0.0001	1.0001	0.0420
劳动力占家庭人口的比例（%）	0.4180	1.0001	0.6561	0.0001	0.3402
非农劳动力占劳动力的比例（%）	0.3442	0.5841	1.0001	0.0001	0.2149
劳动力平均受教育年限（年）	0.6254	0.8306	1.0001	0.5017	0.0001
掌握实用技术人员占劳动力人口的比例（%）	0.3024	0.3830	1.0001	0.0001	0.3671
劳动力技术培训的比例（%）	0.3104	0.2436	1.0001	0.0001	0.8578
会讲汉语的人数所占比例（%）	0.4707	0.9148	1.0001	0.0001	0.5670
经营性收入占家庭收入的比例（%）	0.5416	0.2544	0.0001	1.0001	0.0660
家庭收入来源数量（种）	0.6474	0.5946	0.0001	1.0001	0.1732
到县城的距离（千米）*	0.5646	0.0438	0.0001	1.0001	0.9206
草场承包面积（亩）	0.1190	0.0651	0.0284	0.0001	1.0001
家庭饲养的牛羊数量（只）	0.3874	0.7469	1.0001	0.0001	0.1899

续表

指标	三江源国家公园	治多县	曲麻莱县	杂多县	玛多县
家庭收支平衡结余金额（元）	0.5155	0.9437	0.9691	0.0001	1.0001
现有固定资产估价（万元）	0.6272	0.5027	0.1394	1.0001	0.0001
土地流转收入占家庭总收入的比例（%）*	0.2759	0.2506	1.0001	0.0991	0.0001
闲置土地面积占比（%）*	0.5363	1.0001	1.0001	0.0001	1.0001
闲置房屋面积占比（%）	0.4869	0.0001	1.0001	0.6482	0.2771
信用贷款占家庭总收入的比例（%）	0.6014	0.2391	0.4414	1.0001	0.0001
家庭收入增幅（%）	0.6594	0.7436	1.0001	0.6277	0.0001
经商办企业情况（分级测评）	0.4463	1.0001	0.8977	0.0484	0.0001
分红收入占家庭总收入比例（%）	0.2629	0.3898	0.3604	0.0001	1.0001
家庭成员中村干部人数（人）	0.5311	0.6712	0.0001	0.5320	1.0001
家庭融资能力（分级测评）	0.2039	0.0001	0.4145	0.0899	1.0001
参加合作社和其他组织的个数（个）	0.2382	0.4715	0.0734	0.0001	1.0001
社会交往支出占总支出的比例（%）	0.3622	1.0001	0.0001	0.1510	0.1203
参加社区活动的积极性（分级测评）	0.6085	0.2518	0.0001	1.0001	0.7697
网络购物消费状况（分级测评）	0.6416	0.1782	0.7999	1.0001	0.0001
闲暇时间每天学习的时间（小时）	0.3972	0.5179	0.9763	0.0001	1.0001

3. 计算各指标的信息熵

计算结果如表 4-44 所示。

表 4-44　三江源国家公园牧民增收能力指标信息熵计算结果

指标	信息熵	指标	信息熵	指标	信息熵
健康人口比例（%）	0.7478	掌握实用技术人员占劳动力人口的比例（%）	0.7792	信用贷款占家庭总收入的比例（%）	0.7876
心理健康人口比例（%）	0.8076	劳动力技术培训的比例（%）	0.7633	家庭收入增幅（%）	0.8505
对村级医疗服务满意度（分级测评）	0.8554	会讲汉语的人数所占比例（%）	0.8324	经商办企业情况（分级测评）	0.6989

续表

指标	信息熵	指标	信息熵	指标	信息熵
医疗保险参与率（%）	0.8307	经营性收入占家庭收入的比例（%）	0.6734	分红收入占家庭总收入比例（%）	0.7703
养老保险参与率（%）	0.7088	家庭收入来源数量（种）	0.7782	家庭成员中村干部人数（人）	0.8387
农业机械化程度（分级测评）	0.7197	到县城的距离（千米）*	0.7084	家庭融资能力（分级测评）	0.6626
卫生厕所配套状况（分级测评）	0.8491	草场承包面积（亩）	0.3930	参加合作社和其他组织的个数（个）	0.6691
生活污水处理率（%）	0.5122	家庭饲养的牛羊数量（只）	0.7651	社会交往支出占总支出的比例（%）	0.6507
生活垃圾无害化处理率（%）	0.8508	家庭收支平衡结余金额（元）	0.8430	参加社区活动的积极性（分级测评）	0.8021
清洁能源使用率（%）	0.6474	现有固定资产估价（万元）	0.7594	网络购物消费状况（分级测评）	0.7814
劳动力占家庭人口的比例（%）	0.8073	土地流转收入占家庭总收入的比例（%）	0.6581	闲暇时间每天学习的时间（小时）	0.8170
非农劳动力占劳动力的比例（%）	0.7672	闲置土地面积占比（%）*	0.8437		
劳动力平均受教育年限（年）	0.8407	闲置房屋面积占比（%）*	0.8016		

4. 计算各指标的权重值

计算结果如表 4-45 所示。

表 4-45　　三江源国家公园牧民增收能力指标权重（熵值法）

指标	权重	指标	权重	指标	权重
健康人口比例（%）	0.0276	掌握实用技术人员占劳动力人口的比例（%）	0.0242	信用贷款占家庭总收入的比例（%）	0.0233
心理健康人口比例（%）	0.0211	劳动力技术培训的比例（%）	0.0259	家庭收入增幅（%）	0.0164
对村级医疗服务满意度（分级测评）	0.0158	会讲汉语的人数所占比例（%）	0.0184	经商办企业情况（分级测评）	0.0330

续表

指标	权重	指标	权重	指标	权重
医疗保险参与率（%）	0.0186	经营性收入占家庭收入的比例（%）	0.0358	分红收入占家庭总收入比例（%）	0.0252
养老保险参与率（%）	0.0319	家庭收入来源数量（种）	0.0243	家庭成员中村干部人数（人）	0.0177
农业机械化程度（分级测评）	0.0307	到县城的距离（千米）*	0.0319	家庭融资能力（分级测评）	0.0370
卫生厕所配套状况（分级测评）	0.0165	草场承包面积（亩）	0.0665	参加合作社和其他组织的个数（个）	0.0363
生活污水处理率（%）	0.0534	家庭饲养的牛羊数量（只）	0.0257	社会交往支出占总支出的比例（%）	0.0383
生活垃圾无害化处理率（%）	0.0163	家庭收支平衡结余金额（元）	0.0172	参加社区活动的积极性（分级测评）	0.0217
清洁能源使用率（%）	0.0386	现有固定资产估价（万元）	0.0264	网络购物消费状况（分级测评）	0.0239
劳动力占家庭人口的比例（%）	0.0211	土地流转收入占家庭总收入的比例（%）	0.0375	闲暇时间每天学习的时间（小时）	0.0201
非农劳动力占劳动力的比例（%）	0.0255	闲置土地面积占比（%）*	0.0171		
劳动力平均受教育年限（年）	0.0174	闲置房屋面积占比（%）*	0.0217		

（三）综合权重确定

把上述两种方法计算出来的权重进行组合赋权。按照式（4-1），形成了层次分析法（a_i）、熵值法（b_i）的组合赋权（见表 4-46）。

表 4-46　三江源国家公园牧民增收能力指标权重（组合赋权法）

指标	a_i	b_i	$a_i \times b_i$	综合权重	指标	a_i	b_i	$a_i \times b_i$	综合权重
健康人口比例(%)	0.0580	0.0276	0.0016	0.0609	草场承包面积（亩）	0.0204	0.0665	0.0014	0.0516
心理健康人口比例（%）	0.0446	0.0211	0.0009	0.0357	家庭饲养的牛羊数量（只）	0.0199	0.0257	0.0005	0.0195
对村级医疗服务满意度（分级测评）	0.0336	0.0158	0.0005	0.0202	家庭收支平衡结余金额（元）	0.0189	0.0172	0.0003	0.0124

续表

指标	a_i	b_i	$a_i \times b_i$	综合权重	指标	a_i	b_i	$a_i \times b_i$	综合权重
医疗保险参与率（%）	0.0313	0.0186	0.0006	0.0221	现有固定资产估价（万元）	0.0180	0.0264	0.0005	0.0180
养老保险参与率（%）	0.0305	0.0319	0.0010	0.0370	土地流转收入占家庭总收入的比例（%）	0.0315	0.0375	0.0012	0.0448
农业机械化程度（分级测评）	0.0203	0.0307	0.0006	0.0237	闲置土地面积占比（%）*	0.0234	0.0171	0.0004	0.0152
卫生厕所配套状况（分级测评）	0.0199	0.0165	0.0003	0.0125	闲置房屋面积占比（%）*	0.0218	0.0217	0.0005	0.0180
生活污水处理率（%）	0.0181	0.0534	0.0010	0.0368	信用贷款占家庭总收入的比例（%）	0.0357	0.0233	0.0008	0.0316
生活垃圾无害化处理率（%）	0.0182	0.0163	0.0003	0.0113	家庭收入增幅（%）	0.0376	0.0164	0.0006	0.0234
清洁能源使用率（%）	0.0173	0.0386	0.0007	0.0254	经商办企业情况（分级测评）	0.0204	0.0330	0.0007	0.0256
劳动力占家庭人口的比例（%）	0.0301	0.0211	0.0006	0.0242	分红收入占家庭总收入比例（%）	0.0202	0.0252	0.0005	0.0193
非农劳动力占劳动力的比例（%）	0.0291	0.0255	0.0007	0.0282	家庭成员中村干部人数（人）	0.0190	0.0177	0.0003	0.0128
劳动力平均受教育年限（年）	0.0267	0.0174	0.0005	0.0177	家庭融资能力（分级测评）	0.0189	0.0370	0.0007	0.0266
掌握实用技术人员占劳动力人口的比例（%）	0.0322	0.0242	0.0008	0.0296	参加合作社和其他组织的个数（个）	0.0271	0.0363	0.0010	0.0373
劳动力技术培训的比例（%）	0.0267	0.0259	0.0007	0.0263	社会交往支出占总支出的比例（%）	0.0252	0.0383	0.0010	0.0367
会讲汉语的人数所占比例（%）	0.0255	0.0184	0.0005	0.0178	参加社区活动的积极性（分级测评）	0.0230	0.0217	0.0005	0.0189
经营性收入占家庭收入的比例（%）	0.0321	0.0358	0.0011	0.0436	网络购物消费状况（分级测评）	0.0357	0.0239	0.0009	0.0325
家庭收入来源数量（种）	0.0272	0.0243	0.0007	0.0251	闲暇时间每天学习的时间（小时）	0.0380	0.0201	0.0008	0.0290
到县城的距离（千米）*	0.0238	0.0319	0.0008	0.0289					

三　牧民增收能力评估

（一）各县牧民增收能力分析

在构建牧民增收能力指标体系的基础上，以各村标准化的指标数据为依据，结合各项指标综合权重，对三江源国家公园牧民增收能力及分类能力进行计算。计算公式为：

$$D_i = \sum_{j=1}^{37} w_j x_{ij} \tag{4-2}$$

式（4-2）中，D_i 表示三江源国家公园各村牧民增收能力，w_j 为各项指标权重，x_{ij} 为村落 i 的第 j 项指标（见表 4-47）。

表 4-47　　三江源国家公园及各县牧民增收能力测算结果

区域	健康保障能力	家庭增收能力	资产积累能力	竞争合作能力	牧民增收能力
三江源国家公园	0. 1668	0. 1126	0. 0951	0. 0947	0. 4692
治多县	0. 1517	0. 1167	0. 0900	0. 1215	0. 4799
曲麻莱县	0. 0027	0. 1355	0. 1508	0. 0979	0. 3870
杂多县	0. 2390	0. 1066	0. 0804	0. 0674	0. 4934
玛多县	0. 1351	0. 0916	0. 0878	0. 1439	0. 4585

牧民增收能力取值范围为 0—1，值越大，代表牧民增收能力越强。按五等均分法，0. 2 以下为极低，大于 0. 2 而小于等于 0. 4 为较低，大于 0. 4 而小于等于 0. 6 为中等，大于 0. 6 而小于等于 0. 8 为较高，大于 0. 8 而小于等于 1 为极高。

结果显示，三江源国家公园的牧民增收能力综合评价值为 0. 4692，牧民增收能力处于中等水平。其中，健康保障能力、家庭增收能力、资产积累能力、竞争合作能力的评价值分别为 0. 1668、0. 1126、0. 0951、0. 0947，健康保障能力最强，家庭增收能力第二，资产积累能力第三，竞争合作能力最弱。三江源国家公园属地四县中，杂多县牧民增收能力最强（0. 4934），其次是治多县（0. 4799），再次是玛多县（0. 4585），最低的是曲麻莱县（0. 3870）。

（二）各乡镇牧民增收能力分析

三江源国家公园各乡镇中，杂多县莫云乡的牧民增收能力为

0.4778，居于首位；曲麻莱县叶格乡牧民增收能力为0.3543，居于末位（见表4-48）。

表4-48　　三江源国家公园各乡镇牧民增收能力及排序

县区	乡镇	牧民增收能力	排序	县区	乡镇	牧民增收能力	排序
杂多县	莫云乡	0.4778	1	玛多县	黄河乡	0.4120	7
杂多县	查旦乡	0.4638	2	治多县	扎河乡	0.4098	8
玛多县	扎陵湖乡	0.4384	3	玛多县	玛查理镇	0.4055	9
杂多县	扎青乡	0.4315	4	杂多县	昂赛乡	0.3997	10
杂多县	阿多乡	0.4305	5	曲玛莱县	曲麻河乡	0.3973	11
治多县	索加乡	0.4273	6	曲麻莱县	叶格乡	0.3543	12

（三）各村牧民增收能力比较分析

三江源国家公园属地各村牧民增收能力均值为0.4212（处于中等水平），最小值为0.1963（叶格乡龙麻村），最大值为0.5293（曲麻河乡勒池村）（见表4-49）。

表4-49　　三江源国家公园各村牧民增收能力测算结果

县	乡/镇	行政村	可持续脱贫能力	县	乡/镇	行政村	可持续脱贫能力	县	乡/镇	行政村	可持续脱贫能力
治多县	索加乡	当曲村	0.3812	曲麻莱县	叶格乡	杂尕村	0.3843	玛多县	玛查理镇	隆埂村	0.4464
		君曲村	0.5038			莱阳村	0.4834			玛查理村	0.4224
		莫曲村	0.4379			**龙麻村**	**0.1963**			江多村	0.3557
		牙曲村	0.3860	玛多县	黄河乡	热曲村	0.4155			刊木青村	0.3932
	扎河乡	大王村	0.4406			江旁村	0.4121			玛拉驿村	0.4539
		口前村	0.3638			阿映村	0.3713		扎陵湖乡	擦泽村	0.4777
		玛赛村	0.4316			白玛纳村	0.3921			多涌村	0.3832
		智赛村	0.4020			塘格玛村	0.4427			尕泽村	0.4924
曲麻莱县	曲麻河乡	昂拉村	0.3854			斗江村	0.439			勒那村	0.4083
		措池村	0.3510		玛查理镇	尕拉村	0.3149			卓让村	0.4305
		多秀村	0.3244			赫拉村	0.4868	杂多县	阿多乡	多加村	0.4578
		勒池村	**0.5293**			江措村	0.3712			吉乃村	0.4600

续表

县	乡/镇	行政村	可持续脱贫能力	县	乡/镇	行政村	可持续脱贫能力	县	乡/镇	行政村	可持续脱贫能力
杂多县	阿多乡	朴克村	0.3920	杂多县	查旦乡	达谷村	0.4694	杂多县	莫云乡	结绕村	0.4491
		瓦河村	0.4117			齐荣村	0.4311		扎青乡	昂闹村	0.3722
	昂赛乡	年都村	0.4059			跃尼村	0.5272			达清村	0.4442
		热情村	0.4202		莫云乡	巴阳村	0.4782			地青村	0.4400
		苏绕村	0.3728			达英村	0.4791			格赛村	0.4700
	查旦乡	巴青村	0.4283			格云村	0.5055	—	—	—	—

注：数据为笔者计算所得。

（四）三个园区牧民增收能力比较分析

采用卡方检验方法，对长江源、黄河源、澜沧江源3个园区的牧民增收能力进行比较分析。具体步骤如下。

1. 提出理论假说，确定显著性检验水准

H_0：三个园区牧民增收能力不存在差异；H_1：三个园区牧民增收能力存在差异。显著性检验α取0.05。

2. 计算期望频数

运用自然断裂法，将牧民增收能力分为三类，参考钱峰、[①] 李明子等[②]的研究，运用卡方检验，得到三江源国家公园各个园区各村牧民增收能力频数分布表。期望的频数计算公式为：$f_e = RT \times CT / n$，式中，f_e 为给定单元中的频数期望值；RT 为给定单元所在行的合计；CT 为给定单元所在列的合计；n 为样本量个数。在此基础上计算期望频数（见表4-50）。

表4-50　三个园区牧民增收能力卡方检验结果

园区	实际频数				期望频数			
	0.196<，<=0.386	0.386<，<=0.454	0.454<，<=0.529	合计	0.196<，<=0.386	0.386<，<=0.454	0.454<，<=0.529	合计
长江源园区	8	4	3	15	4	7	4	15

① 钱峰：《基于卡方检验的国内外知识管理研究热点比较》，《情报杂志》2008年第9期。

② 李明子等：《基于卡方检验分析的随书光盘管理绩效的研究》，《运筹与管理》2014年第4期。

续表

园区	实际频数				期望频数			
	0. 196<, <=0. 386	0. 386<, <=0. 454	0. 454<, <=0. 529	合计	0. 196<, <=0. 386	0. 386<, <=0. 454	0. 454<, <=0. 529	合计
黄河源园区	5	11	3	19	5	9	5	19
澜沧江源园区	2	9	8	19	5	9	5	19
合计	15	24	14	53	14	25	14	53
Fisher=9. 431　p=0. 048								

注：2 个单元格（22. 2%）的期望频数小于 5，显著性水平为 5%。

3. 计算 χ^2 值

如果 χ^2 值大于临界值，则拒绝原假设 H_0，否则，接受备择假设 H_1。三江源国家公园，长江源园区、黄河源园区、澜沧江源园区的牧民增收能力均值分别为 0. 400、0. 416、0. 443。卡方检验结果的选择条件：当所有期望频数大于等于 5 时，用 χ^2 检验；当超过 20%的期望频数小于 5，或至少 1 个期望频数小于 1 时，用 Fisher's 检验。由于期望值中有 2 个值小于 5，占比 22. 20%。因此用 Fisher 检验。Fisher 检验结果表明三江源国家公园各个园区之间牧民增收能力存在显著差异（Fisher=9. 431，p=0. 048）。

第三节　三江源国家公园人地关系差异性分析

一　基于评估结果的比较

（一）生态保护与牧民增收能力水平差异较大

三江源国家公园生态保护综合评价值为 0. 7166，处于较高水平。而当地牧民增收能力综合评价值为 0. 4692，处于中等水平。二者相差 0. 2474，等级相差一个等级，生态保护水平明显高于当地牧民增收能力（见图 4-2）。

由此可见，生态保护的资金投入和治理效果比较明显，而牧民增收能力的提升和生态保护水平相比，差距较大，还有较大的提升空间。

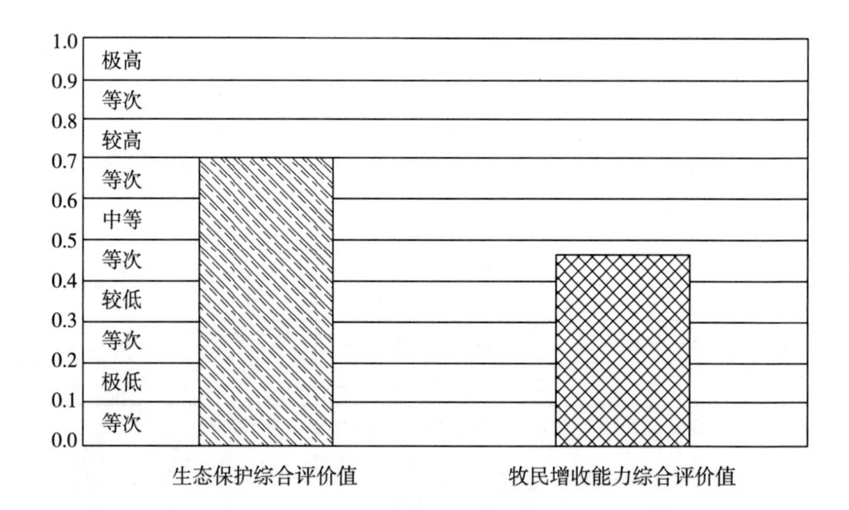

图 4-2　生态保护与牧民增收能力水平比较

（二）生态保护与牧民增收能力内部差异较大

对三江源国家公园属地的治多县、曲麻莱县、杂多县、玛多县四个县的生态保护和牧民增收能力分别进行测算，发现生态保护和牧民增收能力在三江源国家公园的内部差异较大。生态保护最大值为 0. 3541，最小值为 0. 1837，极差为 0. 1704；标准差为 0. 0725。牧民增收能力最大值为 0. 4934，最小值为 0. 3870，极差为 0. 1064；标准差为 0. 0474。由此可见，四个县的生态保护水平差异较大，而牧民增收能力差异较小。可能的原因是四个县的生态资源禀赋差异较大，导致生态保护水平差异较大；而产业结构相似，都是以传统的畜牧业为主，经济转型相对较慢，因而牧民增收能力差异较小。

（三）生态保护与牧民增收能力分布差异较大

对三江源国家公园属地的治多县、曲麻莱县、杂多县、玛多县四个县的生态保护和牧民增收能力的偏度和峰度进行测算，发现二者内部分布差异较大。生态保护的偏度为 0. 4300，峰度为-0. 2802；牧民增收能力的偏度为-1. 4823，峰度为 2. 1646。从偏度来看，生态保护为正，牧民增收能力为负，且牧民增收能力的偏度绝对值较大，表明牧民增收能力分布的偏移程度更为严重。从峰度来看，生态保护为负，牧民增收能力为正，且牧民增收能力的峰度绝对值较大，表明牧民增收能力分布得

更为陡峭（见图4-3）。

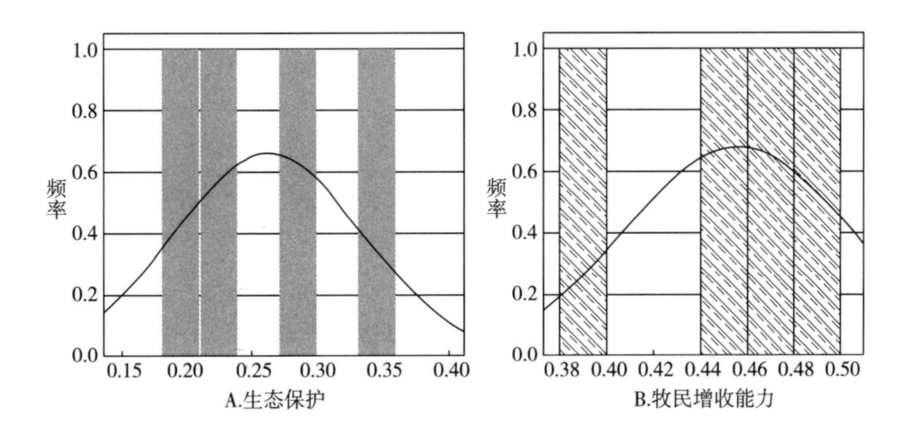

图4-3 三江源国家公园生态保护与牧民增收能力偏度和峰度比较

二 基于抽样调查的分析

（一）牧民增收内生动力的调查情况

当询问“你认为牧民完全脱贫主要依靠自己、自己和政府、政府”三个选项时，仅有10.10%的牧民认为“牧民完全脱贫主要依靠自己”，认为“主要靠政府”的占33.17%，认为“主要靠自己和政府”的占56.73%。反映出牧民对政府的依赖思想比较严重，牧民增收的内生动力不足。

（二）生态保护与经济收入重要性的调查情况

当询问“你认为环境保护与经济收入哪一个更重要性”时，33.29%的牧民认为“环境保护更重要”，60.35%的牧民认为“环境保护与经济收入同等重要”，6.36%的牧民认为“经济收入更重要”。反映出大多数牧民的环境保护意识比较高。

（三）收入对资源依赖性的调查情况

调查发现，“退牧还草收入占家庭转移性收入比例”在50%及以上的牧户为62.09%。“畜牧业收入、挖虫草收入、种地收入三项合计占家庭经营性收入的比例”在50%及以上的牧户为51%。由此可见，牧民家庭经营性收入来源对自然资源的依赖性比较高。除此之外，仅有18.58%的牧户家庭劳动力存在外出务工现象，75.19%的牧户家庭劳动力均在家务工，大多数牧民没有改变“依靠资源找饭吃”的路径依赖。

三 生态保护与牧民增收的冲突表现

（一）思想认识上的冲突

表现为生态保护和牧民增收重要性的认识并没有达成一致。个人能力素质较高、家庭增收渠道较多、牧民增收能力强的牧民会更多关注生态保护，而个人素质相对较低、收入来源较少、牧民增收能力较弱的牧民会更多关注经济发展。思想上认识的不一致可能会导致群体行为的差异。

（二）增收能力上的冲突

牧民整体上增收能力不强，国家公园当地牧民整体上仍然以传统畜牧业为主，对自然资源的依赖性仍然较强。虽然目前已经开始了生态管护员、生态体验项目的尝试，但产业转型、就业转向仍然未整体上完全实现，当地牧民没有更多能力顾及生态保护，实现生态保护和经济发展协调的办法不多。

（三）发展行动上的冲突

由于国家公园当地牧民的经济收入对资源依赖仍然较大，传统的增收方式，如牛羊养殖、挖虫草等，导致牧民增收的同时难免会对生态环境造成破坏。虽然牧民有保护生态的意愿，但在没有其他更多的增收渠道、更好的收入来源的情况下，迫于生存发展，形成了生态保护和经济发展的某种对立和冲突状态。

第四节 本章小结

本章结合三江源国家公园实际，分别构建评价指标体系，并运用层次分析法、熵值法相结合的综合赋权法确定权重，用量化分析方法，对三江源国家公园生态保护与牧民增收能力进行了调查评估，并进行比较分析，初步分析二者之间存在的发展水平差异及空间冲突问题。

第五章

三江源国家公园人地关系耦合度评价

三江源国家公园生态保护与牧民增收分别属于两个不同系统，发展水平相差较大，但二者又同处于三江源国家公园这一特定的空间内。二者的耦合程度和耦合协调度直接关系到三江源国家公园的高质量发展、牧民的经济增收以及青藏高原的社会主义现代化建设进程。评价人地关系耦合水平是三江源国家公园构建人地共生协调机制的基础。

第一节　三江源国家公园人地关系评价指标体系构建

一　指标体系构建

在第四章研究基础上，从生态保护水平与牧民增收能力 2 个维度，选取 58 项指标构建三江源国家公园生态保护与牧民增收耦合指标评价体系。从水土资源保护、生物多样性保护、绿色发展方式三个方面构建三江源国家公园生态保护指标体系；从健康保障能力、家庭增收能力、资产积累能力、竞争合作能力四个方面构建三江源国家公园牧民增收能力指标体系。用三江源国家公园生态保护水平和牧民增收能力耦合协调度表征三江源国家公园人地关系协调水平（见表 5-1）。

表 5-1　　三江源国家公园生态保护与牧民增收耦合指标体系

类别	一级指标	二级指标	三级指标	指标释义
生态保护水平（0.6435）	水土资源保护（0.1486）	水土保持	草地植被覆盖度（%）	反映草地植被保护水平
			森林覆盖率（%）	反映森林保护水平
			湿地保护面积比例（%）	反映湿地保护水平
		生态修复	草地植被盖度增长率（%）	反映退化草地治理情况
			沙化土地植被盖度增长率（%）	反映沙化土地治理情况
			土地侵蚀面积占区域土地面积（%）*	反映水土流失治理情况
		环境保护	生态环境状况指数（EI）	反映环境质量情况
			三江源头水质（类型）	反映水质情况
			三江源水资源总量增长率（%）	反映水资源总量增长情况
	生物多样性保护（0.2719）	植物保护	野生植物种群数量（种）	反映植物种群丰富度
		动物保护	野生动物种群数量（种）	反映动物种群丰富度
	绿色发展方式（0.2230）	绿色产业结构	年产草量增长百分比（%）	反映草量增长情况
			年存栏牲畜增长百分比（%）*	反映存栏牲畜增长情况
			第二、第三产业占比（%）	反映第二、第三产业发展情况
			转产转业劳动力比例（%）	反映转产转业劳动力情况
		科技人才支持	万人专利授权数量（件/万人）	反映专利授权情况
			每万人高中生人数（人）	反映教育文化程度
			牧民培训比例（%）	反映牧民培训情况
		绿色发展保障	生态补偿与生产总值的比值（%）	反映生态补偿水平
			牧民人均生态补奖数额（元）	反映生态补奖政策落实情况
			生态管护公益岗位与牧民户数比例（%）	反映生态管护公益岗位落实情况
牧民增收能力（0.3565）	健康保障能力（0.1021）	身心健康能力	健康人口比例（%）	反映基本身体素质情况
			心理健康人口比例（%）	反映心理健康水平
		社会保障能力	对村级医疗服务满意度（分级测评）	反映医疗服务水平

续表

类别	一级指标	二级指标	三级指标	指标释义
牧民增收能力（0.3565）	健康保障能力（0.1021）	社会保障能力	医疗保险参与率（%）	反映医疗保障水平
			养老保险参与率（%）	反映养老保障水平
		生活环境状况	农业机械化程度（分级测评）	反映生产环境条件
			卫生厕所配套状况（分级测评）	反映生活卫生条件
			生活污水处理率（%）	反映生活环境质量
			生活垃圾无害化处理率（%）	
			清洁能源使用率（%）	反映生活环境质量
	家庭增收能力（0.8790）	劳动力基本状况	劳动力占家庭人口的比例（%）	反映绿色生活品质
			非农劳动力占劳动力的比例（%）	反映劳动力数量
			劳动力平均受教育年限（年）	反映非农劳动力数量
		劳动技能掌握	掌握实用技术人员占劳动力人口的比例（%）	反映劳动力基本素质
			劳动力技术培训的比例（%）	反映劳动力致富技能
			会讲汉语的人数所占比例（%）	反映劳动力技术培训情况
		收入来源稳定性	经营性收入占家庭收入的比例（%）	反映劳动力语言沟通能力
			家庭收入来源数量（种）	反映家庭经营性收入情况
			到县城的距离（千米）*	反映收入来源多样性
	资产积累能力（0.8270）	家庭资产状况	草场承包面积（亩）	反映区域增收机会
			家庭饲养的牛羊数量（只）	反映家庭草场资源数量
			家庭收支平衡结余金额（元）	反映家庭牲畜资源数量
			现有固定资产估价（万元）	反映家庭存款数量
		家庭资产收入	土地流转收入占家庭总收入的比例（%）	反映家庭固定资产数量
			闲置土地面积占比（%）*	反映土地流转收入
			闲置房屋面积占比（%）*	反映土地闲置情况
		资产增收潜力	信用贷款占家庭总收入的比例（%）	反映房屋闲置情况
			家庭收入增幅（%）	反映信用贷款情况

续表

类别	一级指标	二级指标	三级指标	指标释义
牧民增收能力（0.3565）	竞争合作能力（0.8380）	竞争能力	经商办企业情况（分级测评）	反映家庭收入增长情况
			分红收入占家庭总收入比例（%）	反映创业经营能力
			家庭成员中村干部人数（人）	反映投资管理能力
			家庭融资能力（分级测评）	反映资源组织能力
		合作能力	参加合作社和其他组织的个数（个）	反映资金获取能力
			社会交往支出占总支出的比例（%）	反映合作发展能力
			参加社区活动的积极性（分级测评）	反映商务交往能力
		发展潜力	网络购物消费状况（分级测评）	反映生活融通能力
			闲暇时间每天学习的时间（小时）	反映社会适应能力

注：带 * 的为逆向指标。

二　数据来源

上述指标体系中，生态保护水平指标共 21 项，牧民增收能力指标共 37 项。生态保护水平指标的数据来源于三江源国家公园生态监测报告等统计资料；牧民增收能力指标来源于三江源国家公园当地居民的入户调查问卷（详见第三章第三节相应部分）。

第二节　三江源国家公园人地关系指标体系权重计算

按照前文组合赋权法，确定三江源国家公园生态保护与牧民增收耦合指标体系的各项指标权。

一　层次分析法权重确定

构建判断矩阵、专家赋分、权重求解的方法与第三章第一节和第二节相同。计算结果如下。

（一）A-B 层一致性检验

第一层判断矩阵中，A 为三江源国家公园生态保护与牧民增收耦合指标体系的决策目标层，B 为准则层，由两个一级指标构成，即生态保护水平与牧民增收能力，依次由 B1、B2 表示，得出 A-Bi（$i=1$，…，2）的判断矩阵（见表 5-2）。

表 5-2　　A-Bi 的判断矩阵

A	B（1）	B（2）	W	位次
B（1）	1	1.2489	0.5493	1
B（2）	0.9278	1	0.4777	2

$\lambda_{max}=2.0000$，$CI=0.0000$，$RI=0.0000$，$CR=0.0000<0.1$，一致性检验通过。

（二）B-C 层一致性检验

B1-B2 指标层各分别对应 7 个指标层。运用 DPS17.50 软件分别对两个准则层—指标层的矩阵进行分析，得出 B-Ci（$i=1$，…，7）的判断矩阵。

1. B1-Ci 的判断矩阵

表 5-3　　B1-Ci 的判断矩阵

B（1）	C（1）	C（2）	C（3）	W	位次
C（1）	1	1.1614	0.9962	0.3493	1
C（2）	0.9205	1	0.9899	0.3238	3
C（3）	1.0515	1.0968	1	0.3550	2

$\lambda_{max}=3.0010$，$CI=0.0005$，$RI=0.5180$，$CR=0.0009<0.1$，一致性检验通过。

2. B2-Ci 的判断矩阵

表 5-4　　B2-Ci 的判断矩阵

B（2）	C（4）	C（5）	C（6）	C（7）	W	位次
C（4）	1	1.3025	1.2712	1.3466	0.2976	1

续表

B (2)	C (4)	C (5)	C (6)	C (7)	W	位次
C (5)	0.8248	1	1.1684	1.2706	0.2628	2
C (6)	0.8500	0.9017	1	0.9996	0.2357	4
C (7)	0.8129	0.8684	1.0286	1	0.2361	3

$\lambda_{max}=4.0036$，$CI=0.0012$，$RI=0.8862$，$CR=0.0013<0.1$，一致性检验通过。

在此基础上，形成B-C层次总排序判断矩阵（见表5-5）。

表5-5　　B-C层次总排序判断矩阵

C \ B	B (1)	B (2)	CW	位次
Bi权重	0.5809	0.4823		
C (1)	0.3530	0	0.1888	1
C (2)	0.3178	0	0.1799	3
C (3)	0.3550	0	0.1899	2
C (4)	0	0.2976	0.1368	4
C (5)	0	0.264	0.1222	5
C (6)	0	0.2309	0.1085	7
C (7)	0	0.2338	0.1092	6

$CI=0.0006$，$RI=0.6893$，$CR=0.0013<0.1$，B-C层一致性检验通过。

（三）C-D层一致性检验

1. C1-Di的判断矩阵

表5-6　　C1-Di的判断矩阵

C (1)	D (1)	D (2)	D (3)	W	位次
D (1)	1	1.0812	1.1092	0.3554	1
D (2)	0.9726	1	1.0914	0.3395	2
D (3)	0.9602	1.0150	1	0.3447	3

$\lambda_{max}=3.0003$，$CI=0.0001$，$RI=0.5180$，$CR=0.0003<0.1$，一致性检验通过。

2. C2-Di 的判断矩阵

表 5-7　　C2-Di 的判断矩阵

C (2)	D (4)	D (5)	W	位次
D (4)	1	1.0628	0.5388	1
D (5)	1.0461	1	0.5104	2

$\lambda max=2.0000$，$CI=0.0000$，$RI=0.0000$，$CR=0.0000<0.1$，一致性检验通过。

3. C3-Di 的判断矩阵

表 5-8　　C3-Di 的判断矩阵

C (3)	D (6)	D (7)	D (8)	W	位次
D (6)	1	1.0733	1.0404	0.3680	1
D (7)	1.0544	1	1.0681	0.3423	2
D (8)	1.0069	1.0359	1	0.3367	3

$\lambda_{max}=3.0002$，$CI=0.0001$，$RI=0.5180$，$CR=0.0002<0.1$，一致性检验通过。

4. C4-Di 的判断矩阵

表 5-9　　C4-Di 的判断矩阵

C (4)	D (9)	D (10)	D (11)	W	位次
D (9)	1	1.1511	1.0685	0.3611	1
D (10)	0.9252	1	1.0888	0.3371	2
D (11)	1.0066	0.9819	1	0.3349	3

$\lambda_{max}=3.0010$，$CI=0.0005$，$RI=0.5180$，$CR=0.0010<0.1$，一致性检验通过。

5. C5-Di 的判断矩阵

表 5-10　　C5-Di 的判断矩阵

C（5）	D（12）	D（13）	D（14）	W	位次
D（12）	1	1.0619	1.0883	0.3456	1
D（13）	1.0010	1	1.1186	0.3360	2
D（14）	1.0167	0.9786	1	0.3400	3

$\lambda_{max}=3.0002$，$CI=0.0001$，$RI=0.5180$，$CR=0.0002<0.1$，一致性检验通过。

6. C6-Di 的判断矩阵

表 5-11　　C6-Di 的判断矩阵

C（6）	D（15）	D（16）	D（17）	W	位次
D（15）	1	1.0363	1.0608	0.3490	1
D（16）	1.0461	1	1.0685	0.3467	2
D（17）	1.0442	0.983	1	0.3345	3

$\lambda_{max}=3.0002$，$CI=0.0001$，$RI=0.5180$，$CR=0.0002<0.1$，一致性检验通过。

7. C7-Di 的判断矩阵

表 5-12　　C7-Di 的判断矩阵

C（7）	D（18）	D（19）	D（20）	W	位次
D（18）	1	1.1403	1.0886	0.3481	1
D（19）	0.9781	1	1.0382	0.3533	2
D（20）	0.9726	1.0544	1	0.3356	3

$\lambda_{max}=3.0000$，$CI=0.0000$，$RI=0.5180$，$CR=0.0000<0.1$，一致性检验通过。

在此基础上，形成 C-D 层次总排序判断矩阵（见表 5-13）。

表 5-13 C-D 层次总排序判断矩阵

D\C	C (1)	C (2)	C (3)	C (4)	C (5)	C (6)	C (7)	CW	位次
Ci 权重	0.1846	0.1739	0.1867	0.1368	0.1257	0.1078	0.1103		
D (1)	0.354	0	0	0	0	0	0	0.0655	3
D (2)	0.3465	0	0	0	0	0	0	0.0624	5
D (3)	0.3307	0	0	0	0	0	0	0.0631	9
D (4)	0	0.5388	0	0	0	0	0	0.0887	1
D (5)	0	0.5282	0	0	0	0	0	0.0848	2
D (6)	0	0	0.3443	0	0	0	0	0.0646	4
D (7)	0	0	0.3456	0	0	0	0	0.0615	6
D (8)	0	0	0.3305	0	0	0	0	0.0616	7
D (9)	0	0	0	0.3819	0	0	0	0.0487	9
D (10)	0	0	0	0.3358	0	0	0	0.0460	10
D (11)	0	0	0	0.3240	0	0	0	0.0452	12
D (12)	0	0	0	0	0.3456	0	0	0.0414	12
D (13)	0	0	0	0	0.3620	0	0	0.0401	14
D (14)	0	0	0	0	0.3344	0	0	0.042	15
D (15)	0	0	0	0	0	0.3504	0	0.0365	17
D (16)	0	0	0	0	0	0.3500	0	0.036	18
D (17)	0	0	0	0	0	0.3361	0	0.0355	20
D (18)	0	0	0	0	0	0	0.3685	0.0379	16
D (19)	0	0	0	0	0	0	0.3596	0.0356	19
D (20)	0	0	0	0	0	0	0.3336	0.0345	20

$CI=0.0000$，$RI=0.4307$，$CR=0.0014<0.1$，C-D 层一致性检验通过。

（四）D-E 层一致性检验

1. D1-Ei 的判断矩阵

表 5-14 D1-Ei 的判断矩阵

D (1)	E (1)	E (2)	E (3)	W	位次
E (1)	1	1.1844	1.2237	0.3771	1

续表

D (1)	E (1)	E (2)	E (3)	W	位次
E (2)	0.9153	1	1.1753	0.3420	2
E (3)	0.9203	0.8842	1	0.3137	3

$\lambda_{max}=3.0005$，$CI=0.0003$，$RI=0.5180$，$CR=0.0005<0.1$，一致性检验通过。

2. D2-Ei 的判断矩阵

表 5-15　　D2-Ei 的判断矩阵

D (2)	E (4)	E (5)	E (6)	W	位次
E (4)	1	1.0710	1.1684	0.3693	1
E (5)	0.9819	1	1.1358	0.3511	2
E (6)	0.8765	0.9358	1	0.3136	3

$\lambda_{max}=3.0000$，$CI=0.0000$，$RI=0.5180$，$CR=0.0000<0.1$，一致性检验通过。

3. D3-Ei 的判断矩阵

表 5-16　　D3-Ei 的判断矩阵

D (3)	E (7)	E (8)	E (9)	W	位次
E (7)	1	1.2489	1.3025	0.3801	1
E (8)	0.9278	1	1.2504	0.3504	2
E (9)	0.8128	0.8683	1	0.2986	3

$\lambda_{max}=3.0011$，$CI=0.0005$，$RI=0.5180$，$CR=0.0010<0.1$，一致性检验通过。

D4-E10 和 D5-E11 因为只有一个二级指标，无法构成判断矩阵。

4. D6-Ei 的判断矩阵

表 5-17　　D6-Ei 的判断矩阵

D (6)	E (12)	E (13)	E (14)	E (15)	W	位次
E (12)	1	1.0668	1.1400	1.2272	0.2756	1

续表

D（6）	E（12）	E（13）	E（14）	E（15）	W	位次
E（13）	1.0343	1	1.1358	1.1844	0.2655	2
E（14）	0.9081	0.9514	1	1.2380	0.2563	3
E（15）	0.9611	0.9613	0.9140	1	0.2436	4

$\lambda_{max}=4.0017$，$CI=0.0006$，$RI=0.8862$，$CR=0.0006<0.1$，一致性检验通过。

5. D7-Ei 的判断矩阵

表 5-18　　D7-Ei 的判断矩阵

D（7）	E（16）	E（17）	E（18）	W	位次
E（16）	1	1.1097	1.1481	0.3748	1
E（17）	0.9971	1	1.1444	0.3507	2
E（18）	0.9088	0.9252	1	0.3200	3

$\lambda_{max}=3.0001$，$CI=0.0000$，$RI=0.5180$，$CR=0.0000<0.1$，一致性检验通过。

6. D8-Ei 的判断矩阵

表 5-19　　D8-Ei 的判断矩阵

D（8）	E（19）	E（20）	E（21）	W	位次
E（19）	1	1.2197	1.2923	0.3850	1
E（20）	0.8521	1	1.1462	0.3335	2
E（21）	0.8538	0.9273	1	0.3129	3

$\lambda_{max}=3.0014$，$CI=0.0007$，$RI=0.5180$，$CR=0.0013<0.1$，一致性检验通过。

7. D9-Ei 的判断矩阵

表 5-20　　D9-Ei 的判断矩阵

D（9）	E（22）	E（23）	W	位次
E（22）	1	1.3208	0.5890	1
E（23）	0.7846	1	0.4435	2

$\lambda_{max}=2.0000$，$CI=0.0000$，$RI=0.0000$，$CR=0.0000<0.1$，一致性检验通过。

8. D10-Ei 的判断矩阵

表 5-21　　D10-Ei 的判断矩阵

D（10）	E（24）	E（25）	E（26）	W	位次	D（10）
E（24）	1	1.1462	1.1254	0.3598	1	E（24）
E（25）	0.9427	1	1.1204	0.3368	2	E（25）
E（26）	0.9333	0.9876	1	0.3245	3	E（26）

$\lambda_{max}=3.0005$，$CI=0.0003$，$RI=0.5180$，$CR=0.0005<0.1$，一致性检验通过。

9. D11-Ei 的判断矩阵

表 5-22　　D11-Ei 的判断矩阵

D（11）	E（27）	E（28）	E（29）	E（30）	E（31）	W	位次
E（27）	1	1.1176	1.2029	1.0812	1.1088	0.2253	1
E（28）	0.9373	1	1.2444	1.1118	1.2057	0.2135	2
E（29）	0.8983	0.8642	1	1.0668	1.2272	0.2064	4
E（30）	1.0066	0.9321	0.9600	1	1.1096	0.1961	3
E（31）	0.9873	0.9442	0.9088	0.9421	1	0.1963	5

$\lambda_{max}=5.0061$，$CI=0.0015$，$RI=1.1089$，$CR=0.0014<0.1$，一致性检验通过。

10. D12-Ei 的判断矩阵

表 5-23　　D12-Ei 的判断矩阵

D（12）	E（32）	E（33）	E（34）	W	位次
E（32）	1	1.0001	1.2372	0.3597	1
E（33）	1.1000	1	1.0516	0.3440	2
E（34）	0.8892	1.0216	1	0.3228	3

$\lambda_{max}=3.0041$，$CI=0.0021$，$RI=0.5180$，$CR=0.0040<0.1$，一致性检验通过。

11. D13-Ei 的判断矩阵

表 5-24　　D13-Ei 的判断矩阵

D（13）	E（35）	E（36）	E（37）	W	位次
E（35）	1	1.2802	1.2324	0.4144	1
E（36）	0.8118	1	1.1220	0.3294	2
E（37）	0.8892	0.9873	1	0.3225	3

$\lambda_{max}=3.0026$，$CI=0.0013$，$RI=0.5180$，$CR=0.0025<0.1$，一致性检验通过。

12. D14-Ei 的判断矩阵

表 5-25　　D14-Ei 的判断矩阵

D（14）	E（38）	E（39）	E（40）	W	位次
E（38）	1	1.2712	1.3978	0.3929	1
E（39）	0.8541	1	1.2591	0.3491	2
E（40）	0.7695	0.9203	1	0.3107	3

$\lambda_{max}=3.0010$，$CI=0.0005$，$RI=0.5180$，$CR=0.0010<0.1$，一致性检验通过。

13. D15-Ei 的判断矩阵

表 5-26　　D15-Ei 的判断矩阵

D（15）	E（41）	E（42）	E（43）	E（44）	W	位次
E（41）	1	1.1297	1.1254	1.0812	0.2743	1
E（42）	0.9373	1	1.2272	1.1088	0.2644	2
E（43）	0.9509	0.9221	1	1.1950	0.2520	3
E（44）	0.9783	0.9700	0.9527	1	0.2355	4

$\lambda_{max}=4.0047$，$CI=0.0016$，$RI=0.8862$，$CR=0.0017<0.1$，一致

性检验通过。

14. D16-Ei 的判断矩阵

表 5-27　　D16-Ei 的判断矩阵

D（16）	E（45）	E（46）	E（47）	W	位次
E（45）	1	1.5555	1.3403	0.4192	1
E（46）	0.7113	1	1.2804	0.3148	2
E（47）	0.7846	0.8400	1	0.2924	3

$\lambda_{max}=3.0118$，$CI=0.0059$，$RI=0.5180$，$CR=0.0114<0.1$，一致性检验通过。

15. D17-Ei 的判断矩阵

表 5-28　　D17-Ei 的判断矩阵

D（17）	E（48）	E（49）	W	位次
E（48）	1	0.9652	0.5198	2
E（49）	1.0968	1	0.5267	1

$\lambda_{max}=2.0000$，$CI=0.0000$，$RI=0.0000$，$CR=0.0000<0.1$，一致性检验通过。

16. D18-Ei 的判断矩阵

表 5-29　　D18-Ei 的判断矩阵

D（18）	E（50）	E（51）	E（52）	E（53）	W	位次
E（50）	1	1.0783	1.0668	1.1512	0.2678	1
E（51）	0.9924	1	1.1189	1.0992	0.2666	2
E（52）	0.9600	0.9252	1	1.0990	0.2524	3
E（53）	1.0245	1.0066	0.9971	1	0.2483	4

$\lambda_{max}=4.0012$，$CI=0.0004$，$RI=0.8862$，$CR=0.0005<0.1$，一致性检验通过。

17. D19-Ei 的判断矩阵

表 5-30 D19-Ei 的判断矩阵

D（19）	E（54）	E（55）	E（56）	W	位次
E（54）	1	1. 1176	1. 2271	0. 3655	1
E（55）	0. 9427	1	1. 1290	0. 3570	2
E（56）	0. 8835	0. 9205	1	0. 3170	3

$\lambda_{max}=3.0005$，$CI=0.0003$，$RI=0.5180$，$CR=0.0005<0.1$，一致性检验通过。

18. D20-Ei 的判断矩阵

表 5-31 D20-Ei 的判断矩阵

D（20）	E（57）	E（58）	W	位次
E（57）	1	0. 9550	0. 5049	2
E（58）	1. 1553	1	0. 5598	1

$\lambda_{max}=2.0000$，$CI=0.0000$，$RI=0.0000$，$CR=0.0000<0.1$，一致性检验通过。

在此基础上，形成 D-E 层次总排序判断矩阵（见表 5-32）。

表 5-32 D-E 层次总排序判断矩阵（1）

E\D	D（1）	D（2）	D（3）	D（4）	D（5）	D（6）	D（7）	D（8）	D（9）	D（10）	CW	位次
Di 权重	0. 0643	0. 0628	0. 0591	0. 0858	0. 087	0. 0674	0. 0663	0. 064	0. 0497	0. 0453		
E（1）	0. 3749	0	0	0	0	0	0	0	0	0	0. 0248	4
E（2）	0. 3641	0	0	0	0	0	0	0	0	0	0. 0221	10
E（3）	0. 3122	0	0	0	0	0	0	0	0	0	0. 0198	16
E（4）	0	0. 3654	0	0	0	0	0	0	0	0	0. 022	7
E（5）	0	0. 3595	0	0	0	0	0	0	0	0	0. 021	13
E（6）	0	0. 317	0	0	0	0	0	0	0	0	0. 0202	16
E（7）	0	0	0. 3816	0	0	0	0	0	0	0	0. 0221	6

续表

E\D	D (1)	D (2)	D (3)	D (4)	D (5)	D (6)	D (7)	D (8)	D (9)	D (10)	CW	位次
E (8)	0	0	0.3504	0	0	0	0	0	0	0	0.0197	13
E (9)	0	0	0.2942	0	0	0	0	0	0	0	0.0175	21
E (10)	0	0	0	1.02	0	0	0	0	0	0	0.0875	1
E (11)	0	0	0	0	1.0860	0	0	0	0	0	0.0891	2
E (12)	0	0	0	0	0	0.2772	0	0	0	0	0.017	26
E (13)	0	0	0	0	0	0.2807	0	0	0	0	0.0165	25
E (14)	0	0	0	0	0	0.2535	0	0	0	0	0.0159	29
E (15)	0	0	0	0	0	0.2378	0	0	0	0	0.0145	34
E (16)	0	0	0	0	0	0	0.3660	0	0	0	0.0221	8
E (17)	0	0	0	0	0	0	0.3527	0	0	0	0.0211	10
E (18)	0	0	0	0	0	0	0.32	0	0	0	0.0196	18
E (19)	0	0	0	0	0	0	0	0.4	0	0	0.0231	5
E (20)	0	0	0	0	0	0	0	0.3280	0	0	0.0200	15
E (21)	0	0	0	0	0	0	0	0.3147	0	0	0.0188	20
E (22)	0	0	0	0	0	0	0	0	0.6138	0	0.0288	3
E (23)	0	0	0	0	0	0	0	0	0.4722	0	0.0221	12
E (24)	0	0	0	0	0	0	0	0	0	0.3764	0.0161	27
E (25)	0	0	0	0	0	0	0	0	0	0.3345	0.0151	32
E (26)	0	0	0	0	0	0	0	0	0	0.3293	0.0146	32

$CI=0.0000$，$RI=0.5829$，$CR=0.0014<0.1$，D-E 层一致性检验通过。

表 5-33　　D-E 层次总排序判断矩阵（2）

D\C	D (10)	D (11)	D (12)	D (13)	D (14)	D (15)	D (16)	D (17)	D (18)	D (19)	D (20)	CW
Di 权重	0.0453	0.044	0.0406	0.0396	0.0403	0.0383	0.0387	0.0370	0.0371	0.0365	0.0353	
E (27)	0.2242	0	0	0	0	0	0	0	0	0	0.0095	52
E (28)	0.2184	0	0	0	0	0	0	0	0	0	0.0099	52
E (29)	0.1987	0	0	0	0	0	0	0	0	0	0.0087	58
E (30)	0.1961	0	0	0	0	0	0	0	0	0	0.0088	56

续表

D\C	D (10)	D (11)	D (12)	D (13)	D (14)	D (15)	D (16)	D (17)	D (18)	D (19)	D (20)	CW
E (31)	0.1877	0	0	0	0	0	0	0	0	0	0.0084	63
E (32)	0	0.3611	0	0	0	0	0	0	0	0	0.0149	35
E (33)	0	0.344	0	0	0	0	0	0	0	0	0.0147	38
E (34)	0	0.3162	0	0	0	0	0	0	0	0	0.0130	39
E (35)	0	0	0.3919	0	0	0	0	0	0	0	0.0163	28
E (36)	0	0	0.3278	0	0	0	0	0	0	0	0.0135	40
E (37)	0	0	0.3083	0	0	0	0	0	0	0	0.0124	43
E (38)	0	0	0	0.4011	0	0	0	0	0	0	0.0152	30
E (39)	0	0	0	0.3491	0	0	0	0	0	0	0.0135	37
E (40)	0	0	0	0.3053	0	0	0	0	0	0	0.0120	44
E (41)	0	0	0	0	0.2717	0	0	0	0	0	0.0099	47
E (42)	0	0	0	0	0.2644	0	0	0	0	0	0.0096	54
E (43)	0	0	0	0	0.2654	0	0	0	0	0	0.0091	56
E (44)	0	0	0	0	0.2373	0	0	0	0	0	0.0085	59
E (45)	0	0	0	0	0	0.4282	0	0	0	0	0.0151	33
E (46)	0	0	0	0	0	0.3182	0	0	0	0	0.0116	45
E (47)	0	0	0	0	0	0.2882	0	0	0	0	0.0105	45
E (48)	0	0	0	0	0	0	0.5198	0	0	0	0.0167	23
E (49)	0	0	0	0	0	0	0.5267	0	0	0	0.0178	21
E (50)	0	0	0	0	0	0	0	0.2619	0	0	0.0097	51
E (51)	0	0	0	0	0	0	0	0.2592	0	0	0.0095	50
E (52)	0	0	0	0	0	0	0	0.2498	0	0	0.0090	53
E (53)	0	0	0	0	0	0	0	0.2428	0	0	0.0092	55
E (54)	0	0	0	0	0	0	0	0	0.3709	0	0.0128	38
E (55)	0	0	0	0	0	0	0	0	0.3487	0	0.0122	42
E (56)	0	0	0	0	0	0	0	0	0.3262	0	0.0110	47
E (57)	0	0	0	0	0	0	0	0	0	0.5049	0.0170	24
E (58)	0	0	0	0	0	0	0	0	0	0.5294	0.0182	20

$CI=0.0000$，$RI=0.5829$，$CR=0.0014<0.1$，D-E 层一致性检验通过。

（五）各指标层权重结果

据此，获得各项指标权重（见表5-34）。

表5-34　三江源国家公园生态保护与牧民增收耦合指标权重（层次分析法）

指标	权重	指标	权重	指标	权重
草地植被覆盖度（%）	0.0248	生态管护公益岗位与牧民户数比例（%）	0.0188	草场承包面积（亩）	0.0099
森林覆盖率（%）	0.0221	健康人口比例（%）	0.0288	家庭饲养的牛羊数量（只）	0.0096
湿地保护面积比例（%）	0.0198	心理健康人口比例（%）	0.0221	家庭收支平衡结余金额（元）	0.0091
草地植被盖度增长率（%）	0.0220	对村级医疗服务满意度（分级测评）	0.0161	现有固定资产估价（万元）	0.0085
沙化土地植被盖度增长率（%）	0.0210	医疗保险参与率（%）	0.0151	土地流转收入占家庭总收入的比例（%）	0.0151
土地侵蚀面积占区域土地面积（%）*	0.0202	养老保险参与率（%）	0.0146	闲置土地面积占比（%）*	0.0116
生态环境状况指数（EI）	0.0221	农业机械化程度（分级测评）	0.0095	闲置房屋面积占比（%）*	0.0105
三江源头水质（类型）	0.0197	卫生厕所配套状况（分级测评）	0.0099	信用贷款占家庭总收入的比例（%）	0.0167
三江源水资源总量增长率（%）	0.0175	生活污水处理率（%）	0.0087	家庭收入增幅（%）	0.0178
野生植物种群数量（种）	0.0875	生活垃圾无害化处理率（%）	0.0088	经商办企业情况（分级测评）	0.0097
野生动物种群数量（种）	0.0891	清洁能源使用率（%）	0.0084	分红收入占家庭总收入比例（%）	0.0095
年产草量增长百分比（%）	0.0170	劳动力占家庭人口的比例（%）	0.0149	家庭成员中村干部人数（人）	0.009
年存栏牲畜增长百分比（%）*	0.0165	非农劳动力占劳动力的比例（%）	0.0147	家庭融资能力（分级测评）	0.0092
第二、第三产业占比（%）	0.0159	劳动力平均受教育年限（年）	0.0130	参加合作社和其他组织的个数（个）	0.0128
转产转业劳动力比例（%）	0.0145	掌握实用技术人员占劳动力人口的比例（%）	0.0163	社会交往支出占总支出的比例（%）	0.0122

续表

指标	权重	指标	权重	指标	权重
万人专利授权数量（件/万人）	0.0221	劳动力技术培训的比例（%）	0.0135	参加社区活动的积极性（分级测评）	0.0110
每万人高中生人数（人）	0.0211	会讲汉语的人数所占比例（%）	0.0124	网络购物消费状况（分级测评）	0.0170
牧民培训比例（%）	0.0196	经营性收入占家庭收入的比例（%）	0.0152	闲暇时间每天学习的时间（小时）	0.0182
生态补偿与生产总值的比值（%）	0.0231	家庭收入来源数量（种）	0.0135		
牧民人均生态补奖数额（元）	0.0200	到县城的距离（千米）*	0.0120		

二　熵值法权重确定

熵值法的权重确定步骤如下。

（一）构建矩阵

以 58 个评价指标，三江源国家公园、治多县、曲麻莱县、杂多县、玛多县为评价样本，根据获取的相关数据，形成一个 m×n 的矩阵。

（二）数据标准化

将三江源国家公园、治多县、曲麻莱县、杂多县、玛多县的 21 个生态保护指标值进行标准化（见表 5-35）。

表 5-35　三江源国家公园生态保护与牧民增收耦合指标数据标准化结果

指标	三江源国家公园	治多县	曲麻莱县	杂多县	玛多县
草地植被覆盖度（%）	0.6239	1.0001	0.6283	0.8675	0.0001
森林覆盖率（%）	0.5001	0.2501	1.0001	0.7501	0.0001
湿地保护面积比例（%）	0.4776	0.0001	1.0001	0.1713	0.7388
草地植被盖度增长率（%）	0.9687	0.9732	0.0001	0.2762	1.0001
沙化土地植被盖度增长率（%）	0.5001	0.0001	1.0001	0.2501	0.7501
土地侵蚀面积占区域土地面积（%）*	0.2172	0.0001	0.0001	0.5665	1.0001
生态环境状况指数（EI）	0.4858	0.0001	0.1430	0.7858	1.0001
三江源头水质（类型）	0.5001	0.2501	0.7501	0.0001	1.0001

续表

指标	三江源国家公园	治多县	曲麻莱县	杂多县	玛多县
三江源水资源总量增长率（%）	0. 1900	0. 0001	0. 0001	0. 1501	1. 0001
野生植物种群数量（种）	1. 0001	0. 5631	0. 0120	0. 0001	0. 0475
野生动物种群数量（种）	1. 0001	0. 5677	0. 0091	0. 0001	0. 0451
年产草量增长百分比（%）	0. 2198	1. 0001	0. 2531	0. 0001	0. 1373
年存栏牲畜增长百分比（%）*	0. 4439	0. 0001	1. 0001	0. 1824	0. 8528
第二、第三产业占比（%）	0. 3420	0. 1138	0. 2441	0. 0001	1. 0001
转产转业劳动力比例（%）	0. 4760	0. 8765	1. 0001	0. 0001	0. 0272
万人专利授权数量（件/万人）	0. 2001	0. 0001	0. 0001	1. 0001	0. 0001
每万人高中生人数（人）	0. 3676	0. 2405	0. 2293	1. 0001	0. 0001
牧民培训比例（%）	0. 7228	1. 0001	0. 0001	0. 8572	0. 9763
生态补偿与生产总值的比值（%）	1. 0001	0. 0001	0. 0001	0. 0001	0. 0001
牧民人均生态补奖数额（元）	0. 5251	0. 0001	1. 0001	0. 4001	0. 7001
生态管护公益岗位与牧民户数比例（%）	0. 6155	0. 0001	0. 6924	1. 0001	0. 7693
健康人口比例（%）	0. 6126	1. 0001	0. 0001	0. 6952	0. 0991
心理健康人口比例（%）	0. 4169	0. 5612	0. 0001	0. 3522	1. 0001
对村级医疗服务满意度（分级测评）	0. 6822	0. 7767	0. 0001	0. 7939	1. 0001
医疗保险参与率（%）	0. 6703	0. 4174	0. 0001	1. 0001	0. 9298
养老保险参与率（%）	0. 5538	0. 0001	0. 0434	1. 0001	0. 8640
农业机械化程度（分级测评）	0. 7390	1. 0001	0. 0473	0. 9720	0. 0001
卫生厕所配套状况（分级测评）	0. 6997	0. 6210	0. 0001	1. 0001	0. 6410
生活污水处理率（%）	0. 4779	0. 0374	0. 0001	1. 0001	0. 0364
生活垃圾无害化处理率（%）	0. 7238	0. 6168	0. 0001	1. 0001	0. 9040
清洁能源使用率（%）	0. 5344	0. 2369	0. 0001	1. 0001	0. 0420
劳动力占家庭人口的比例（%）	0. 4180	1. 0001	0. 6561	0. 0001	0. 3402
非农劳动力占劳动力的比例（%）	0. 3442	0. 5841	1. 0001	0. 0001	0. 2149
劳动力平均受教育年限（年）	0. 6254	0. 8306	1. 0001	0. 5017	0. 0001
掌握实用技术人员占劳动力人口的比例（%）	0. 3024	0. 3830	1. 0001	0. 0001	0. 3671
劳动力技术培训的比例（%）	0. 3104	0. 2436	1. 0001	0. 0001	0. 8578
会讲汉语的人数所占比例（%）	0. 4707	0. 9148	1. 0001	0. 0001	0. 5670

续表

指标	三江源国家公园	治多县	曲麻莱县	杂多县	玛多县
经营性收入占家庭收入的比例（%）	0.5416	0.2544	0.0001	1.0001	0.0660
家庭收入来源数量（种）	0.6474	0.5946	0.0001	1.0001	0.1732
到县城的距离（千米）*	0.5646	0.0438	0.0001	1.0001	0.9206
草场承包面积（亩）	0.1190	0.0651	0.0284	0.0001	1.0001
家庭饲养的牛羊数量（只）	0.3874	0.7469	1.0001	0.0001	0.1899
家庭收支平衡结余金额（元）	0.5155	0.9437	0.9691	0.0001	1.0001
现有固定资产估价（万元）	0.6272	0.5027	0.1394	1.0001	0.0001
土地流转收入占家庭总收入的比例（%）	0.2759	0.2506	1.0001	0.0991	0.0001
闲置土地面积占比（%）*	0.5363	1.0001	1.0001	0.0001	1.0001
闲置房屋面积占比（%）*	0.4869	0.0001	1.0001	0.6482	0.2771
信用贷款占家庭总收入的比例（%）	0.6014	0.2391	0.4414	1.0001	0.0001
家庭收入增幅（%）	0.6594	0.7436	1.0001	0.6277	0.0001
经商办企业情况（分级测评）	0.4463	1.0001	0.8977	0.0484	0.0001
分红收入占家庭总收入比例（%）	0.2629	0.3898	0.3604	0.0001	1.0001
家庭成员中村干部人数（人）	0.5311	0.6712	0.0001	0.5320	1.0001
家庭融资能力（分级测评）	0.2039	0.0001	0.4145	0.0899	1.0001
参加合作社和其他组织的个数（个）	0.2382	0.4715	0.0734	0.0001	1.0001
社会交往支出占总支出的比例（%）	0.3622	1.0001	0.0001	0.1510	0.1203
参加社区活动的积极性（分级测评）	0.6085	0.2518	0.0001	1.0001	0.7697
网络购物消费状况（分级测评）	0.6416	0.1782	0.7999	1.0001	0.0001
闲暇时间每天学习的时间（小时）	0.3972	0.5179	0.9763	0.0001	1.0001

（三）计算各指标的信息熵

计算结果如表 5-36 所示。

表 5-36 三江源国家公园生态保护与牧民增收耦合指标信息熵计算结果

指标	信息熵	指标	信息熵	指标	信息熵
草地植被覆盖度（%）	0.8484	生态管护公益岗位与牧民户数比例（%）	0.7955	草场承包面积（亩）	0.6870

续表

指标	信息熵	指标	信息熵	指标	信息熵
森林覆盖率（%）	0.7955	健康人口比例（%）	0.4611	家庭饲养的牛羊数量（只）	0.2815
湿地保护面积比例（%）	0.7697	心理健康人口比例（%）	0.5006	家庭收支平衡结余金额（元）	0.7328
草地植被盖度增长率（%）	0.8061	对村级医疗服务满意度（分级测评）	0.4940	现有固定资产估价（万元）	0.8566
沙化土地植被盖度增长率（%）	0.7955	医疗保险参与率（%）	0.6642	土地流转收入占家庭总收入的比例（%）	0.0025
土地侵蚀面积占区域土地面积（%）*	0.5879	养老保险参与率（%）	0.7665	闲置土地面积占比（%）*	0.8258
生态环境状况指数（EI）	0.7585	农业机械化程度（分级测评）	0.6803	闲置房屋面积占比（%）*	0.8510
三江源头水质（类型）	0.7478	卫生厕所配套状况（分级测评）	0.7792	信用贷款占家庭总收入的比例（%）	0.7876
三江源水资源总量增长率（%）	0.8076	生活污水处理率（%）	0.7633	家庭收入增幅（%）	0.8505
野生植物种群数量（种）	0.8554	生活垃圾无害化处理率（%）	0.8324	经商办企业情况（分级测评）	0.6989
野生动物种群数量（种）	0.8307	清洁能源使用率（%）	0.6734	分红收入占家庭总收入比例（%）	0.7703
年产草量增长百分比（%）	0.7088	劳动力占家庭人口的比例（%）	0.7782	家庭成员中村干部人数（人）	0.8387
年存栏牲畜增长百分比（%）*	0.7197	非农劳动力占劳动力的比例（%）	0.7084	家庭融资能力（分级测评）	0.6626
第二、第三产业占比（%）	0.8491	劳动力平均受教育年限（年）	0.3930	参加合作社和其他组织的个数（个）	0.6691
转产转业劳动力比例（%）	0.5122	掌握实用技术人员占劳动力人口的比例（%）	0.7651	社会交往支出占总支出的比例（%）	0.6507
万人专利授权数量（件/万人）	0.8508	劳动力技术培训的比例（%）	0.8430	参加社区活动的积极性（分级测评）	0.8021
每万人高中生人数（人）	0.6474	会讲汉语的人数所占比例（%）	0.7594	网络购物消费状况（分级测评）	0.7814
牧民培训比例（%）	0.8073	经营性收入占家庭收入的比例（%）	0.6581	闲暇时间每天学习的时间（小时）	0.8170

续表

指标	信息熵	指标	信息熵	指标	信息熵
生态补偿与生产总值的比值（%）	0.7672	家庭收入来源数量（种）	0.8437		
牧民人均生态补奖数额（元）	0.8407	到县城的距离（千米）*	0.8016		

（四）计算各指标的权重值

计算结果如表5-37所示。

表5-37　　　三江源国家公园生态保护与牧民增收耦合指标权重（熵值法）

指标	权重	指标	权重	指标	权重
草地植被覆盖度（%）	0.0094	生态管护公益岗位与牧民户数比例（%）	0.0092	草场承包面积（亩）	0.0375
森林覆盖率（%）	0.0127	健康人口比例（%）	0.0156	家庭饲养的牛羊数量（只）	0.0145
湿地保护面积比例（%）	0.0142	心理健康人口比例（%）	0.0119	家庭收支平衡结余金额（元）	0.0097
草地植被盖度增长率（%）	0.0120	对村级医疗服务满意度（分级测评）	0.0089	现有固定资产估价（万元）	0.0149
沙化土地植被盖度增长率（%）	0.0127	医疗保险参与率（%）	0.0105	土地流转收入占家庭总收入的比例（%）	0.0211
土地侵蚀面积占区域土地面积（%）*	0.0255	养老保险参与率（%）	0.0180	闲置土地面积占比（%）*	0.0097
生态环境状况指数（EI）	0.0149	农业机械化程度（分级测评）	0.0173	闲置房屋面积占比（%）*	0.0123
三江源头水质（类型）	0.0127	卫生厕所配套状况（分级测评）	0.0093	信用贷款占家庭总收入的比例（%）	0.0131
三江源水资源总量增长率（%）	0.0333	生活污水处理率（%）	0.0302	家庭收入增幅（%）	0.0092
野生植物种群数量（种）	0.0309	生活垃圾无害化处理率（%）	0.0092	经商办企业情况（分级测评）	0.0186
野生动物种群数量（种）	0.0313	清洁能源使用率（%）	0.0218	分红收入占家庭总收入比例（%）	0.0142

续表

指标	权重	指标	权重	指标	权重
年产草量增长百分比（%）	0.0208	劳动力占家庭人口的比例（%）	0.0119	家庭成员中村干部人数（人）	0.0100
年存栏牲畜增长百分比（%）*	0.0144	非农劳动力占劳动力的比例（%）	0.0144	家庭融资能力（分级测评）	0.0209
第二、第三产业占比（%）	0.0198	劳动力平均受教育年限（年）	0.0099	参加合作社和其他组织的个数（个）	0.0205
转产转业劳动力比例（%）	0.0194	掌握实用技术人员占劳动力人口的比例(%)	0.0137	社会交往支出占总支出的比例（%）	0.0216
万人专利授权数量（件/万人）	0.0444	劳动力技术培训的比例（%）	0.0146	参加社区活动的积极性（分级测评）	0.0122
每万人高中生人数（人）	0.0165	会讲汉语的人数所占比例（%）	0.0104	网络购物消费状况（分级测评）	0.0135
牧民培训比例（%）	0.0089	经营性收入占家庭收入的比例（%）	0.0202	闲暇时间每天学习的时间（小时）	0.0113
生态补偿与生产总值的比值（%）	0.0617	家庭收入来源数量（种）	0.0137		
牧民人均生态补奖数额（元）	0.0108	到县城的距离（千米）*	0.0180		

三　综合权重确定

把上述两种方法计算出来的权重进行组合赋权。组合赋权公式为：

$$W_i = a_i b_i / \sum_{i=1}^{n} a_i b_i,\ i=1,\ 2,\ \cdots,\ n \qquad (5-1)$$

式（5-1）中，w_i 为权重组合，a_i、b_i 分别为层次分析法和熵值法单独赋权的权重。

按照上述算法，形成了层次分析法（a_i）、熵值法（b_i）的组合赋权（见表5-38）。

表5-38　三江源国家公园生态保护与牧民增收耦合指标权重（组合赋权法）

指标	a_i	b_i	$a_i \times b_i$	综合权重	指标	a_i	b_i	$a_i \times b_i$	综合权重
草地植被覆盖度（%）	0.0239	0.0094	0.0002	0.0115	生活垃圾无害化处理率（%）	0.0085	0.0092	0.0001	0.0040

续表

指标	a_i	b_i	$a_i \times b_i$	综合权重	指标	a_i	b_i	$a_i \times b_i$	综合权重
森林覆盖率（%）	0.0213	0.0127	0.0003	0.0138	清洁能源使用率（%）	0.0081	0.0218	0.0002	0.0091
湿地保护面积比例（%）	0.0191	0.0142	0.0003	0.0140	劳动力占家庭人口的比例（%）	0.0143	0.0119	0.0002	0.0088
草地植被盖度增长率（%）	0.0212	0.0120	0.0003	0.0131	非农劳动力占劳动力的比例（%）	0.0141	0.0144	0.0002	0.0105
沙化土地植被盖度增长率（%）	0.0202	0.0127	0.0003	0.0132	劳动力平均受教育年限（年）	0.0125	0.0099	0.0001	0.0063
土地侵蚀面积占区域土地面积(%)*	0.0194	0.0255	0.0005	0.0255	掌握实用技术人员占劳动力人口的比例（%）	0.0157	0.0137	0.0002	0.0110
生态环境状况指数（EI）	0.0213	0.0149	0.0003	0.0163	劳动力技术培训的比例（%）	0.0130	0.0146	0.0002	0.0098
三江源头水质(类型)	0.0190	0.0127	0.0002	0.0123	会讲汉语的人数所占比例（%）	0.0119	0.0104	0.0001	0.0064
三江源水资源总量增长率（%）	0.0168	0.0333	0.0006	0.0289	经营性收入占家庭收入的比例（%）	0.0146	0.0202	0.0003	0.0152
野生植物种群数量（种）	0.0842	0.0309	0.0026	0.1338	家庭收入来源数量（种）	0.0130	0.0137	0.0002	0.0092
野生动物种群数量（种）	0.0857	0.0313	0.0027	0.1381	到县城的距离(千米)*	0.0115	0.0180	0.0002	0.0107
年产草量增长百分比（%）	0.0164	0.0208	0.0003	0.0175	草场承包面积(亩)	0.0095	0.0375	0.0004	0.0184
年存栏牲畜增长百分比（%）*	0.0159	0.0144	0.0002	0.0118	家庭饲养的牛羊数量（只）	0.0092	0.0145	0.0001	0.0069
第二、第三产业占比（%）	0.0153	0.0198	0.0003	0.0156	家庭收支平衡结余金额（元）	0.0088	0.0097	0.0001	0.0044
转产转业劳动力比例（%）	0.0140	0.0194	0.0003	0.0139	现有固定资产估价（万元）	0.0082	0.0149	0.0001	0.0063
万人专利授权数量（件/万人）	0.0213	0.0444	0.0009	0.0486	土地流转收入占家庭总收入的比例（%）	0.0145	0.0211	0.0003	0.0158
每万人高中生人数（人）	0.0203	0.0165	0.0003	0.0173	闲置土地面积占比（%）*	0.0112	0.0097	0.0001	0.0056

续表

指标	a_i	b_i	$a_i \times b_i$	综合权重	指标	a_i	b_i	$a_i \times b_i$	综合权重
牧民培训比例（%）	0.0189	0.0089	0.0002	0.0086	闲置房屋面积占比（%）*	0.0101	0.0123	0.0001	0.0064
生态补偿与生产总值的比值（%）	0.0222	0.0617	0.0014	0.0706	信用贷款占家庭总收入的比例（%）	0.0161	0.0131	0.0002	0.0109
牧民人均生态补奖数额（元）	0.0192	0.0108	0.0002	0.0107	家庭收入增幅（%）	0.0171	0.0092	0.0002	0.0081
生态管护公益岗位与牧民户数比例（%）	0.0181	0.0092	0.0002	0.0086	经商办企业情况（分级测评）	0.0093	0.0186	0.0002	0.0089
健康人口比例（%）	0.0277	0.0156	0.0004	0.0222	分红收入占家庭总收入比例（%）	0.0091	0.0142	0.0001	0.0067
心理健康人口比例（%）	0.0213	0.0119	0.0003	0.0130	家庭成员中村干部人数（人）	0.0087	0.0100	0.0001	0.0044
对村级医疗服务满意度（分级测评）	0.0155	0.0089	0.0001	0.0071	家庭融资能力（分级测评）	0.0089	0.0209	0.0002	0.0095
医疗保险参与率（%）	0.0145	0.0105	0.0002	0.0078	参加合作社和其他组织的个数（个）	0.0123	0.0205	0.0003	0.0130
养老保险参与率（%）	0.0140	0.0180	0.0003	0.0130	社会交往支出占总支出的比例（%）	0.0117	0.0216	0.0003	0.0131
农业机械化程度（分级测评）	0.0091	0.0173	0.0002	0.0082	参加社区活动的积极性（分级测评）	0.0106	0.0122	0.0001	0.0067
卫生厕所配套状况（分级测评）	0.0095	0.0093	0.0001	0.0046	网络购物消费状况（分级测评）	0.0164	0.0135	0.0002	0.0114
生活污水处理率（%）	0.0084	0.0302	0.0003	0.0130	闲暇时间每天学习的时间（小时）	0.0175	0.0113	0.0002	0.0102

第三节　三江源国家公园人地关系耦合度评价

一　耦合度和耦合协调度计算结果

根据耦合度和耦合协调度模型及相关统计数据，分别计算出三江源国家公园以及治多县、曲麻莱县、杂多县、玛多县的生态保护与牧民增收的耦合度和耦合协调度（见表5-39）。

表 5-39　　三江源国家公园生态保护与牧民增收耦合度及耦合协调度分析表

区域	牧民增收	生态保护	耦合度	耦合等级	耦合协调度	协调类型
三江源国家公园	0.4692	0.7166	0.9996	高水平耦合阶段	0.5027	勉强协调
治多县	0.4799	0.3541	0.9809	高水平耦合阶段	0.4682	濒临失调
曲麻莱县	0.387	0.1837	0.9639	高水平耦合阶段	0.4012	濒临失调
杂多县	0.4934	0.2333	0.9477	高水平耦合阶段	0.4452	濒临失调
玛多县	0.4585	0.2801	0.9242	高水平耦合阶段	0.4153	濒临失调

二　生态保护与牧民增收空间冲突分异特征分析

由表 5-39 可知，三江源国家公园及属地各县的生态保护与牧民增收能力的耦合度均在 0.9 以上的水平。可见，三江源国家公园及属地各县的生态保护与牧民增收能力处于高水平的耦合阶段，即两者之间的相互作用很强。另外，三江源国家公园的生态保护与牧民增收耦合协调度属于勉强协调类型，而其属地的治多县、曲麻莱县、杂多县、玛多县的生态保护与牧民增收耦合协调度则属于濒临失调类型，生态保护与牧民增收的协调性较差（见图 5-1）。

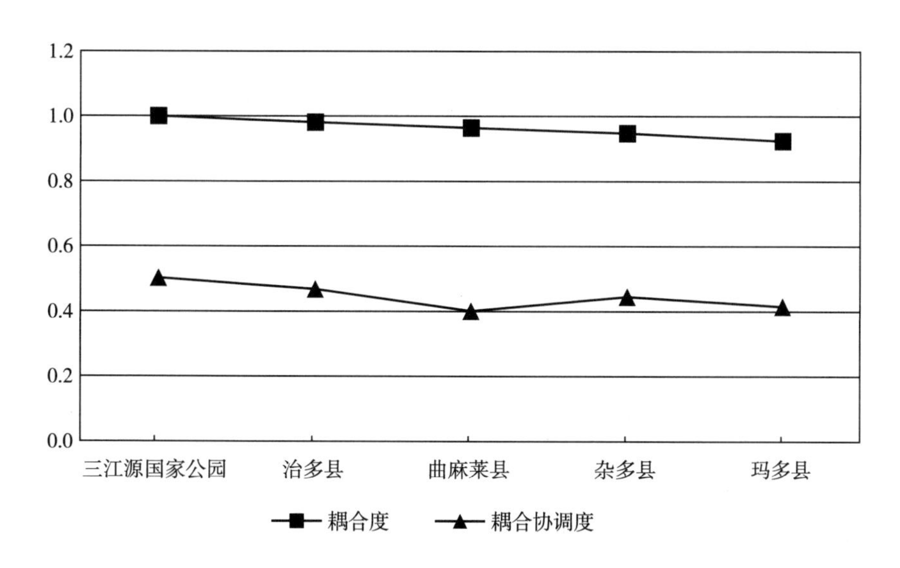

图 5-1　三江源国家公园及属地各县生态保护与牧民增收耦合度与耦合协调度比较

图 5-1 显示，三江源国家公园及属地各县的生态保护与牧民增收能力的耦合程度很强，但耦合协调度不太理想，特别是属地县的生态保护与牧民增收耦合协调类型均属于濒临失调类型。

在此基础上，计算三江源国家公园属地 12 个乡镇的生态保护与牧民增收耦合度和耦合协调度。

首先，计算三江源国家公园属地 12 个乡镇的生态保护与牧民增收耦合度（见表 5-40）。

表 5-40　三江源国家公园属地 12 个乡镇生态保护与牧民增收的耦合度

园区	乡镇	耦合度	园区	乡镇	耦合度	园区	乡镇	耦合度
长江源区	治多县索加乡	0.9050	黄河源区	玛多县黄河乡	0.9678	澜沧江源区	杂多县查旦乡	0.9985
	治多县扎河乡	0.9049		玛多县玛查理镇	0.9759		杂多县扎青乡	0.9999
	曲麻莱县叶格乡	0.9998		玛多县扎陵湖乡	0.9851		杂多县阿多乡	0.9998
	曲玛莱县曲麻河乡	0.9880		杂多县莫云乡	0.9953		杂多县昂赛乡	0.9988

其次，计算三江源国家公园属地 12 个乡镇的生态保护与牧民增收耦合协调度（见表 5-41）。

表 5-41　三江源国家公园属地 12 个乡镇生态保护与牧民增收空间冲突状况

园区	乡镇	耦合协调度	园区	乡镇	耦合协调度	园区	乡镇	耦合协调度
长江源区	治多县索加乡	0.5023	黄河源区	玛多县黄河乡	0.4484	澜沧江源区	杂多县查旦乡	0.4110
	治多县扎河乡	0.5022		玛多县玛查理镇	0.4563		杂多县扎青乡	0.4018
	曲麻莱县叶格乡	0.3733		玛多县扎陵湖乡	0.4675		杂多县阿多乡	0.4036
	曲玛莱县曲麻河乡	0.3422		杂多县莫云乡	0.4198		杂多县昂赛乡	0.3902

三江源国家公园长江源园区、黄河源园区和澜沧江源园区生态保护与牧民增收耦合协调度均值分别为 0.4300、0.4574 和 0.4053。采用自然断裂法，将三个园区 12 个乡镇的生态保护与牧民增收耦合协调度分为较高水平（大于 0.4198）和较低水平（小于等于 0.4198）两类。其

中长江源园区处于较高水平和较低水平的乡镇各有2个；黄河源园区处于较高水平的乡镇有3个；澜沧江源园区处于较低水平的乡镇有5个。由于6个期望频数均小于5，因此适用Fisher检验。Fisher检验结果显示，Fisher检验值为7.309，p值为0.019，三个园区的空间冲突差异明显（见表5-42）。

表5-42　三江源国家公园三个园区耦合协调度卡方检验

园区	实际频数			期望频数		
	0.3422<, <=0.4198	0.4198<, <=0.5023	合计	0.3422<, <=0.4198	0.4198<, <=0.5023	合计
长江源园区	2	2	4	2	2	4
黄河源园区	0	3	3	2	1	3
澜沧江源园区	5	0	5	3	2	5
合计	7	5	12	7	5	12
Fisher=7.309　p=0.019						

注：6个单元格的期望频数均小于5，显著性水平为5%。

三　生态保护与牧民增收空间冲突问题诊断

三江源国家公园生态保护和牧民增收协调性较差，其空间冲突主要表现在以下几个方面。

（一）价值取向的冲突

对于全国而言，三江源国家公园是“三江之源”，具有重要的生态安全屏障功能，生态价值十分突出。但对于长年居住于此的牧民而言，三江源国家公园又是他们赖以生存的物质基础和生活环境，承载着脱贫致富、实现现代化梦想的资源，经济价值不言而喻。生态价值和经济价值的冲突，是空间冲突的价值前提。

（二）空间功能的冲突

三江源国家公园的草原、湿地、山川、河流等自然资源，在空间上既能够提供优良的生态产品，为全国生态环境做出特殊贡献；同时又能为牧民发展畜牧业、提高经济收入提供必要的物资资源和发展要素。生态产品和发展资源的双重空间功能，在国家公园管理体制内的冲突，构成了空间冲突的物理基础。

（三）行为方式的冲突

由于牧民增收能力较弱，经济收入对自然资源的依赖程度较高，某些生态保护的行为，特别是禁止开发的行为，往往对牧民的增收能力的提升造成一定程度的阻碍。牧民的增收行为，特别是以资源开发为主的经济行为，往往会对生态保护造成某种程度的破坏。行为方式的两难后果是空间冲突的现实问题。

第四节　本章小结

本章通过构建三江源国家公园生态保护与牧民增收耦合指标体系，对二者耦合度及耦合协调度进行测算，得出二者耦合度较好但耦合协调度较差的结论。在此基础上分析了生态保护与牧民增收空间冲突分异特征，并对三江源国家公园生态保护与牧民增收空间冲突问题进行了初步诊断。

第六章

三江源国家公园人地关系空间冲突作用机理探讨

三江源国家公园生态保护和牧民增收存在一定的空间冲突。探讨二者空间冲突的影响因素及其作用机理，深入揭示生态保护和牧民增收相互作用的内部规律，对于进一步处理好国家公园人地关系，实现国家公园人与自然和谐共生具有十分重要的理论和实践意义。

第一节 问题提出与研究假说

一 问题提出

持续改善生态环境，巩固拓展脱贫攻坚成果，是“十四五”时期我国经济社会发展的重要目标。青海省第十四次党代会提出加快建设“绿色发展的现代化新青海”“生态友好的现代化新青海”“人民幸福的现代化新青海”的奋斗目标。青海是“三江源头”“中华水塔”，最大的价值、最大的责任、最大的潜力都在生态，其生态地位无可替代。青海同时属于曾经的脱贫攻坚重点区域，巩固脱贫攻坚成果，彻底阻断脱贫人口返贫之路，提升脱贫人口增收能力，仍然是当前青海最紧迫的政治任务和最重要的民生工程。近些年来，国内外学者在生态补偿、生态修复、生态红线等生态保护研究基础上，[①②③④⑤⑥⑦] 开展了国家公园相关研究，并在资源保护与利用、管理体制创新、生态环境保护、相关利益者协调、[⑧⑨⑩⑪] 国家公园内部人与自然复合系统关系[⑫⑬⑭]等方面取得了系列成果。同时能力贫困一直是国内外减贫研究的热点问题，研究领域涉及能力培养、权利剥夺、可持续生计、可行能力、多维贫困、可持

---

① 罗康隆、杨曾辉：《生计资源配置与生态环境保护——以贵州黎平黄岗侗族社区为例》，《民族研究》2011 年第 5 期。

② Engel S. , et al. , "Designing Payments for Environmental Services in Theory and Practice: An Overview of the Lssues", *Ecological Economics*, Vol. 65, No. 4, 2008, pp. 663-674.

③ Wang Y. , et al. , " Effects of Payment for Ecosystem Services and Agricultural Subsidy Programs on Rural Household Land use Decisions in China: Synergy or Trade-off?", *Land Use Policy*, Vol. 81, 2019, pp. 785-801.

④ Benayas J. M. R. , et al. , " Enhancement of Biodiversity and Ecosystem Services by Ecological Restoration: A Meta-analysis", *Science*, Vol. 325, No. 5944, 2009, pp. 1121-1124.

⑤ Liu Q. , et al. , "Ecological Restoration is The Dominant Driver of the Recent Reversal of Desertification in the Mu Us Desert (China) ", *Journal of Cleaner Production*, Vol. 268, 2020, p. 122241.

⑥ Geldmann J. , et al. , "Effectiveness of Terrestrial Protected Areas in Reducing Habitat Loss and Population Declines", *Biological Conservation*, Vol. 161, No. 3, 2013, pp. 230-239.

⑦ 廖华：《民族自治地方重点生态功能区负面清单制度检视》，《民族研究》2020 年第 2 期。

⑧ Sax J. L. , *Mountains without Handrails: Reflections on the National Parks*, Ann Arbor: University of Michigan Press 2018, pp. 35-37.

⑨ Bragagnolo C. , et al. , "Understanding Non-compliance: Local People's Perceptions of Natural Resource Exploitation inside Two National Parks in Northeast Brazil", *Journal for Nature Conservation*, 2017, pp. 64-76.

⑩ Shafer C. L. , "From Non-static Vignettes to Unprecedented Change: The US National Park System, Climate Impacts and Animal Dispersal", *Environmental Science & Policy*, No. 40, 2014, pp. 26-35.

⑪ Nabokov P. , Loendorf L. , *Restoring a Presence: American Indians and Yellowstone National Park*, *Norman*: University of Oklahoma Press, 2016, p. 89.

⑫ Subakanya M. , et al. , "Land Use Planning and Wildlife-Inflicted Crop Damage in Zambia", *Environments*, Vol. 5, No. 10, 2018, p. 110.

⑬ Manning R. E. , et al. , *Managing Outdoor Recreation: Case Studies in the National Parks*, London: CABI, 2017.

⑭ Gu X. , et al. , "Factors Influencing Residents' Access to and Use of Country Parks in Shanghai, China", *Cities*, Vol. 97, 2020, p. 102501.

续能力、牧民增收等多个方面。[①②③④⑤⑥⑦⑧⑨] 在此过程中，经济发展与生态保护的空间冲突问题成为研究热点。[⑩⑪⑫⑬] 但是国家公园建设管理中的生态保护与牧民增收的空间冲突问题尚未引起学界高度关注，相关研究成果鲜有报道。

三江源国家公园正式建园后，面临着如何进一步优化国家公园管理机制，更好地实现人地关系协调发展的问题。生态服务系统和经济发展系统是既相互依存、相互作用、相互影响，又处于长期共存、不断冲突、不断耦合的动态过程。本章通过测度三江源国家公园生态保护和牧民增收能力空间冲突水平，识别其影响因素，探讨其作用机理，为推动三江源国家公园管理体制机制创新提供决策依据。

二 研究假说

宋永永等提出，自然环境条件差是制约人地耦合系统适应能力的主

---

① Chambers R., Conway G., *Sustainable Rural Livelihoods: Practical Concepts for the 21st Century*, London: Institute of Development Studies (UK), 1992, p. 105.

② Scoones I., *Sustainable Rural Livelihoods: A Framework for Analysis*, Brighton: IDS, 1998.

③ 何仁伟等：《基于可持续生计的精准扶贫分析方法及应用研究——以四川凉山彝族自治州为例》，《地理科学进展》2017 年第 2 期。

④ 袁梁等：《生态补偿、生计资本对居民可持续生计影响研究——以陕西省国家重点生态功能区为例》，《经济地理》2017 年第 10 期。

⑤ 凌经球：《牧民增收能力：新时代中国农村贫困治理的一个分析框架》，《广西师范学院学报》（哲学社会科学版）2018 年第 2 期。

⑥ 齐义军、巩蓉蓉：《内蒙古少数民族聚居区稳定脱贫长效机制研究》，《中央民族大学学报》（哲学社会科学版）2019 年第 1 期。

⑦ 孙晗霖等：《贫困地区精准脱贫户生计可持续及其动态风险研究》，《中国人口·资源与环境》2019 年第 2 期。

⑧ 梁伟军、谢若扬：《能力贫困视阈下的扶贫移民可持续脱贫能力建设研究》，《华中农业大学学报》（社会科学版）2019 年第 4 期。

⑨ 胡西武等：《宁夏生态移民村空间剥夺测度及影响因素》，《地理学报》2020 年第 10 期。

⑩ Khatiwada L. K., "A Spatial Approach in Locating and Explaining Conflict Hot Spots in Nepal", *Eurasian Geography and Economics*, Vol. 55, No. 2, 2014, pp. 201-217.

⑪ 王海鹰等：《广州市城市生态用地空间冲突与生态安全隐患情景分析》，《自然资源学报》2015 年第 8 期。

⑫ 廖李红等：《平潭岛快速城市化进程中三生空间冲突分析》，《资源科学》2017 年第 10 期。

⑬ 赵旭等：《基于 CLUE-S 模型的县域生产—生活—生态空间冲突动态模拟及特征分析》，《生态学报》2019 年第 16 期。

导障碍因素。[①] 牧民生计对生态资源的依赖程度既关系到生态保护，又关系到其经济收入，对三江源国家公园生态环境有直接影响。牧民生计对生态资源的依赖程度越高，必然会对生态环境产生负面影响，生态保护与牧民增收冲突会越明显；牧民生计转型成功，对生态资源依赖较小，甚至完全摆脱了对生态资源的依赖，则生态保护与牧民增收冲突会弱化甚至消失。因此，提出假设1：资源的依赖程度会显著影响生态保护与牧民增收空间冲突水平。

赵建吉等研究认为，政府能力和城市建设资金投入因素对黄河流域新型城镇化与生态环境耦合产生显著影响。[②] 董琳认为，行政力对旅游—生态—文化耦合协调发展水平有显著影响。[③] 政府的生态治理能力，包括政府行政管理能力、政府生态保护资金投入状况以及牧民增收能力的培养能力等。政府的生态治理能力越强，生态保护效果越好，牧民增收能力提升越好，生态保护与牧民增收空间冲突就会越小。反之，政府的生态治理能力越弱，生态保护与牧民增收空间冲突就会越大。因此，提出假设2：政府生态治理能力会显著影响生态保护与牧民增收空间冲突水平。

窦睿音等研究发现，经济增长对中国资源型城市“三生系统”耦合协调经济收入水平有显著促进作用。[④] 陕永杰等提出，农村常住居民人均可支配收入对“三生”功能耦合协调起到了限制作用。[⑤] 经济发展水平和居民收入水平一方面关系到牧民应对生态环境变化的能力，另一方面关系到牧民增收能力培养。牧民收入水平越高，增收能力越强，其对生态资源的依赖越小，生态保护与牧民增收空间冲突越小；反之，牧民收入水平越低，增收能力越弱，则生态保护与牧民增收空间冲突越

---

① 宋永永等：《宁夏限制开发生态区人地耦合系统脆弱性空间分异及影响因素》，《干旱区资源与环境》2016年第11期。

② 赵建吉等：《黄河流域新型城镇化与生态环境耦合的时空格局及影响因素》，《资源科学》2020年第1期。

③ 董琳：《旅游—生态—文化耦合协调发展水平及其影响因素》，《统计与决策》2022年第12期。

④ 窦睿音等：《中国资源型城市“三生系统”耦合协调时空分异演变及其影响因素分析》，《北京师范大学学报》（自然科学版）2021年第3期。

⑤ 陕永杰等：《长江三角洲城市群“三生”功能耦合协调时空分异及其影响因素分析》，《生态学报》2022年第16期。

大。因此，提出假设 3：人均可支配收入会显著影响生态保护与牧民增收空间冲突水平。

第二节 模型构建与变量选取

一 模型构建与变量设定

（一）模型构建

侯增周、张荣天等在探讨生态保护与经济发展的协调关系时主要考虑了地区生产总值能耗、城镇生活污水集中处理率、建成区林木覆盖率、节能环保公共预算支出、农民人均纯收入等因素。[①②③] 借鉴上述研究成果，结合实际情况，本书建立三江源国家公园生态保护与牧民增收空间冲突影响因素回归模型。

$$y=\beta_0+\beta_1X_{Govern}+\beta_2X_{Resour}+\beta_3X_{Income}+u \tag{6-1}$$

（二）变量设定

（1）被解释变量。选取生态保护与牧民增收耦合协调度为被解释变量，用来度量二者空间冲突水平。从本书第四章的分析可以看出，三江源国家公园内部四个县的生态保护与牧民增收耦合协调度都处于濒临失调的状态。

（2）解释变量。X_{Govern}、X_{Resour}、X_{Income} 分别代表自变量政府生态治理能力（*Govern*，用生态管护员占人口比例表示）、资源依赖程度（*Resour*，用农户非农收入占家庭经营性收入比重表示）、人均可支配收入（*Income*，根据自然断裂法进行分类，≤6505 的为 1；>6505 且≤8161 的为 2；>8161 的为 3）；β_0、β_1、β_2、β_3 依次是常数项和 X_{Govern}、X_{Resour}、X_{Income} 的系数；u 为误差项。

（三）变量的描述性统计

对各个变量进行描述性统计，分别求取其最大值、最小值、均值和

---

① 侯增周：《山东省东营市生态环境与经济发展协调度评估》，《中国人口·资源与环境》2011 年第 7 期。

② 张荣天、焦华富：《泛长江三角洲地区经济发展与生态环境耦合协调关系分析》，《长江流域资源与环境》2015 年第 5 期。

③ 盖美、张福祥：《辽宁省区域碳排放—经济发展—环境保护耦合协调分析》，《地理科学》2014 年第 10 期。

标准差（见表 6-1）。

表 6-1　　变量的描述性统计

变量名称		变量含义	变量计算	最大值	最小值	均值	标准差
被解释变量	耦合协调度	反映生态保护与牧民增收空间冲突状态	采用耦合度模型计算	0.5023	0.3422	0.4265	0.0497
解释变量	政府生态治理能力(Govern)	反映政府生态治理整体水平	生态管护员占人口比例	0.8082	0.0213	0.3123	0.2768
	资源依赖程度(Resource)	反映牧民生计转型状况	农户非农收入占家庭经营性收入比重	0.9066	0.1970	0.4245	0.2082
	人均可支配收入(Income)	反映牧民经济收入水平	根据统计数据，用自然断裂法进行分类（≤6505 的为 1；>6505 且≤8161 的为 2；>8161 的为 3）	3.0000	1.0000	1.7500	0.7538

二　样本选取与数据来源

（一）样本选取

选取三江源国家公园 12 个乡镇为研究对象，采取简单随机抽样和分层抽样相结合的方式，选取相应样本。其中叶格乡抽取 3 个村 68 户，曲麻河乡抽取 4 个村 61 户，索加乡抽取 4 个村 142 户，扎河乡抽取 4 个村 87 户，阿多乡抽取 4 个村 83 户，昂赛乡抽取 3 个村 48 户，查旦乡抽取 4 个村 107 户，莫云乡抽取 4 个村 114 户，扎青乡抽取 4 个村 97 户，黄河乡抽取 5 个村 37 户，玛查理镇抽取 7 个村 54 户，扎陵湖乡抽取 4 个村 30 户，共 927 户（见表 6-2）。

表 6-2　　三江源国家公园调查牧民抽样村和抽样户数量分解

乡镇	总村数	总户数	抽样村数	抽样户数	乡镇	总村数	总户数	抽样村数	抽样户数	乡镇	总村数	总户数	抽样村数	抽样户数
叶格乡	3	524	3	68	阿多乡	4	634	4	83	扎青乡	4	744	4	97
曲麻河乡	4	470	4	61	昂赛乡	3	372	3	48	黄河乡	6	285	5	37

续表

乡镇	总村数	总户数	抽样村数	抽样户数	乡镇	总村数	总户数	抽样村数	抽样户数	乡镇	总村数	总户数	抽样村数	抽样户数
索加乡	4	1093	4	142	查旦乡	4	816	4	107	玛查理镇	8	415	7	54
扎河乡	4	666	4	87	莫云乡	4	879	4	114	扎陵湖乡	5	233	4	30
合计	调查牧民（牧民增收重点对象）涉及 12 个乡镇，53 个村，7131 户；样本户 927 户													

资料来源：笔者根据三江源国家公园管理局相关资料整理。

（二）数据来源

各乡镇的生态保护与牧民增收耦合协调度通过第四章的计算方法由笔者计算所得。各乡镇的牧民人均可支配收入由各乡镇统计站提供。生态管护员及乡镇人口由相关县统计部门及农林部门提供。其他变量根据调研数据整理形成。

第三节 实证分析及结果

一 普通最小二乘法回归结果

回归结果显示，F 值为 12.246，显著性为 0.002，表明模型整体显著；VIF 值均小于 5，表明模型不存在多重共线性。本书采用 White 检验对模型的异方差性进行检验。White 检验结果显示，卡方值为 10.71，Prob>chi2=0.2959，大于 5%，表示接受“不存在异方差性”原假设。因此，模型不存在异方差性（见表 6-3）。

表 6-3 回归结果

因变量	自变量	系数	t 值	p 值	VIF
耦合协调度	常数项	0.428	15.506	0.000	—
	Govern	0.103**	2.857	0.021	1.016
	Resource	0.065*	2.287	0.052	1.107
	Income	-0.037***	-3.627	0.007	1.094
	$R^2=0.787$，ad-$R^2=0.708$，F=12.246***，N=12				

注：***、**、*分别代表通过 1%、5%、10%的显著性检验，下同。

结果显示，政府生态治理能力对生态保护与牧民增收空间冲突有显著正向影响；在5%的显著性水平下，政府生态治理能力每增加一个单位，耦合协调度增加0.103个单位，空间冲突呈缓解趋势。可能的原因是：政府生态治理能力兼顾了生态保护与牧民的收入增加，从而促进了二者冲突状态的改善。

资源依赖程度对生态保护与牧民增收空间冲突有显著正向影响；在10%显著性水平下，资源依赖程度每增加一个单位，耦合协调度增加0.065个单位，空间冲突呈缓解趋势。可能的原因是：非农收入占家庭经营性收入越高，对生态资源的依赖和破坏越小，致使生态保护与牧民增收空间冲突减缓。

人均可支配收入对生态保护与牧民增收空间冲突有显著负影响；在1%显著性水平下，人均可支配收入每增加一个单位，耦合协调度下降0.037个单位，空间冲突呈加剧趋势。可能的原因是：在现有传统畜牧业为主的产业结构和收入结构背景下，牧民的收入越高，对生态资源的利用和开发越大，从而导致生态保护与牧民增收空间冲突加剧。

二　地理加权回归结果

传统的线性回归模型只是对参数进行“平均”或“全局”估计，如果自变量为空间数据，且自变量间存在空间自相关性，就无法满足传统回归模型（OLS模型）残差项独立的假设，那么用最小二乘法进行参数估计将不再适用。地理加权回归（GWR）模型引入对不同区域的影响进行估计，能够反映参数在不同空间的空间非平稳性，使变量间的关系可以随空间位置的变化而变化，其结果更符合客观实际。[①] 因此，本书在普通最小二乘法回归的基础上，引入GWR进行进一步分析。

相比OLS模型，GWR模型具有以下优点：①在处理空间数据时，模型的参数估计和统计检验较OLS模型更加显著，并且具有更小的残差；②每个样本空间单元对应一个系数值，模型结果更能反映局部情况，能够还原OLS模型所忽略的变量间关系的局部特性；③能够通过GIS对模型的参数估计进行空间表达，便于进一步构建地理模型，探索

① 庞瑞秋等：《基于地理加权回归的吉林省人口城镇化动力机制分析》，《地理科学》2014年第10期。

空间变异特征和空间规律。①

运用 ArcGIS10. 8 软件中的 GWR 工具进行地理加权回归分析（核类型选取固定法，带宽选取 AIC 法，带宽为 67. 319 千米，残差平方和为 0. 003，有效数目为 4. 008，Sigma 为 0. 021）。结果显示，资源依赖程度、政府生态治理能力、人均可支配收入这三个因素对三江源国家公园生态保护与牧民增收空间冲突影响显著。地理加权回归模型的 AIC 值明显低于且 R^2 明显高于普通最小二乘法回归模型，说明 GWR 模型的拟合结果要显著优于 OLS 模型（见表 6-4）。

表 6-4　　普通最小二乘法和地理加权回归结果比较

因变量	普通最小二乘法回归模型（OLS）				地理加权回归模型（GWR）					
	自变量	系数	t 值	p 值	平均值	最大值	最小值	上四分位值	中位值	下四分位值
耦合协调度	常数项	0. 428	15. 506	0. 000	0. 42815	0. 42817	0. 42812	0. 42814	0. 42815	0. 42815
	Resource	0. 065*	2. 287	0. 052	0. 06464	0. 06472	0. 06458	0. 06463	0. 06465	0. 06466
	Govern	0. 103**	2. 857	0. 021	0. 10282	0. 10285	0. 10278	0. 10281	0. 10281	0. 10283
	Income	-0. 037***	-3. 627	0. 007	-0. 03740	-0. 03738	-0. 03742	-0. 03740	-0. 03740	-0. 03740
拟合度比较	AIC = -37. 598，R^2 = 0. 787，ad-R^2 = 0. 708，F = 12. 246***，VIF = 1. 094，DW = 2. 931，N = 12				AIC = -39. 646，R^2 = 0. 821，ad-R^2 = 0. 754					

各乡镇局部回归模型的标准化残差值的范围在［-1. 3777，2. 0197］，范围均在［-2. 58，2. 58］，GWR 模型标准化残差值在 1%的显著性水平下是随机分布的。从标准化残差的空间分布可以看出，各乡镇局部回归模型均通过残差检验。进一步对残差进行空间自相关性的检验，得到 Moran's I=-0. 2758，Z=0. 9525，残差在空间上完全随机分布，说明模型整体的效果很好。

三　空间变异特征分析

（一）资源依赖程度对生态保护与牧民增收空间冲突的空间变异特征

资源依赖程度对生态保护与牧民增收空间冲突呈正相关关系。从回

① 张耀军、任正委：《基于地理加权回归的山区人口分布影响因素实证研究——以贵州省毕节地区为例》，《人口研究》2012 年第 4 期。

归系数的空间分布来看，由东向西呈递增的趋势，最小值出现在玛多县的黄河乡，最大值出现在治多县的索加乡。这说明资源依赖程度对索加乡等地的生态保护与牧民增收空间冲突影响较大，而资源依赖程度对黄河乡、玛查理镇、扎陵湖乡的生态保护与牧民增收空间冲突影响较小。

（二）政府生态治理能力对生态保护与牧民增收空间冲突的空间变异特征

政府生态治理能力对生态保护与牧民增收空间冲突呈正相关关系。从回归系数的空间分布来看，由东向西呈递增的趋势，最大值出现在玛多县的玛查理镇，最小值出现在治多县的索加乡。这说明政府生态治理能力对索加乡等地的生态保护与牧民增收空间冲突影响较小，而政府生态治理能力对黄河乡、玛查理镇的生态保护与牧民增收空间冲突影响较大。

（三）人均可支配收入对生态保护与牧民增收空间冲突的空间变异特征

人均可支配收入对生态保护与牧民增收空间冲突呈负相关关系。从回归系数的空间分布来看，由东向西呈递增的趋势，最大值出现在玛多县的扎陵湖乡，最小值出现在治多县的索加乡。这说明人均可支配收入对索加乡等地的生态保护与牧民增收空间冲突影响较小，而人均可支配收入对黄河乡、玛查理镇、扎陵湖乡的生态保护与牧民增收空间冲突影响较大。

四　障碍度分析结果

根据障碍度计算公式，计算三江源国家公园生态保护与牧民增收耦合协调度的障碍度。

（1）从准则层来看，牧民增收障碍度为54.07%，生态保护障碍度为45.93%。表明牧民增收对三江源国家公园生态保护与牧民增收耦合协调度的制约作用高于生态保护。

（2）从一级指标来看，绿色发展方式和水土资源保护属于重度障碍因子，障碍度分别为24.84%、21.09%，资产积累能力、竞争合作能力和牧民增收能力障碍度分别为14.94%、14.84%、14.67%，属于中度障碍因子，健康保障能力障碍度为9.62%，属于轻度障碍因子。表明绿色发展方式和水土资源保护对三江源国家公园生态保护与牧民增收耦合协调度的制约作用最大，资产积累能力、竞争合作能力和持续增收能力的制约作用较大，健康保障能力的制约作用较小。

（3）从二级指标来看，障碍度超过5%的指标共10项，累计障碍度达74.79%。其中，科技人才支持障碍度为13.19%，属中度障碍因子。属于轻度障碍的因子有：环境保护（障碍度为9.59%），绿色产业结构（障碍度为9.53%），家庭资产状况（障碍度为7.16%），生态修复（障碍度为6.81%），生活环境（障碍度为6.40%），合作能力（障碍度为5.98%），劳动技能（障碍度为5.80%），竞争能力（障碍度为5.30%），劳动力状况（障碍度为5.03%）。表明科技人才支持对三江源国家公园生态保护与牧民增收耦合协调度的制约作用较大，环境保护、绿色产业结构、家庭资产状况、生态修复、生活环境、合作能力、劳动技能、竞争能力、劳动力基本状况的制约作用较小。

（4）从三级指标来看，障碍度超过2%的指标共17项，累计障碍度达59.21%。其中，障碍度较高的有：万人专利授权数量（障碍度为9.83%），三江源水资源总量增长率（障碍度为5.91%），土地侵蚀面积占区域土地面积（障碍度为5.04%），草场承包面积（障碍度为4.11%），土地流转收入占家庭总收入的比例（障碍度为3.83%），年产草量增长百分比（障碍度为3.45%），社会交往支出占总支出的比例（障碍度为3.02%），均为轻度障碍因子。表明上述因素对三江源国家公园生态保护与牧民增收耦合协调度的制约作用较小。

由分层的障碍度分析可以看出，对三江源国家公园生态保护与牧民增收耦合协调度而言，牧民增收的制约作用高于生态保护；一级指标中，绿色发展方式和水土资源保护是重度障碍因子，对三江源国家公园生态保护与牧民增收耦合协调度的制约性最强；二级指标中，科技人才支持为中度障碍因子，环境保护、绿色产业结构是障碍度较高的轻度障碍因子，此三个因素对三江源国家公园生态保护与牧民增收耦合协调度的制约性较强；三级指标中，万人专利授权数量、三江源水资源总量增长率、土地侵蚀面积占区域土地面积三者障碍度占比最高，对三江源国家公园生态保护与牧民增收耦合协调度的制约性较强。因此，需要针对不同层次的障碍因子，采取有效措施应对。一方面要在保护生态的前提下，加强牧民增收的推进，为生态保护打牢可持续发展的基础。另一方面，重点解决绿色发展方式和水土资源保护问题，以产业“四地”建设为领引，加快绿色低碳循环生态经济转型，实现生态保护和绿色致富互融共促。具体来看，要强化科技人才支持、推动环境保护和优化绿色产业结构，在提升万人专利授权数量、增强三江源水资源总量供给、控制土地侵蚀面积等方面重点突破，以促进三江源国家公园生态保护与牧民增收协调发展。

第四节　本章小结

本章构建回归模型，对三江源国家公园生态保护与牧民增收空间冲突影响因素及作用机理进行探讨，分析了政府生态治理能力、资源依赖程度和人均可支配收入对二者耦合协调度的影响力和空间分异特征，为三江源国家公园生态保护与牧民增收空间冲突的解决提供了基本依据。

第七章

三江源国家公园相关主体三方博弈行为分析

三江源国家公园内存在三江源国家公园管理局、属地县政府、当地牧民三个利益主体，各利益主体的利益诉求各不相同。在推进生态保护和牧民增收的过程中，三个利益主体会进行博弈，做出符合自身利益的行为决策，并形成三江源国家公园内各主体的利益行为均衡。

第一节　三江源国家公园相关主体行为分析

一　三江源国家公园管理局的行为分析

三江源国家公园管理局为青海省人民政府派出机构，承担三江源国家公园试点区以及青海省三江源国家级自然保护区范围内各类国有自然资源资产所有者管理职责。在统一的管理体制下，强化专业合作和分工负责，国土资源、环境保护、农牧、林业、水利等部门，依法对自然资源管理和保护利用进行监督和指导，协同维护三江源生态系统的原真性和完整性。三江源国家公园管理局在履行生态保护职能的过程中主要体现的是生态环境的管理者行为。

（一）生态保护的行为

通过有效行使自然资源资产所有权和监管权，实现水土资源得到有效保护，生态服务功能不断提升；野生动植物种群增加，生物多样性明显恢复；绿色发展方式逐步形成，民生不断改善，将三江源国家公园建成青藏高原生态保护修复示范区，共建共享、人与自然和谐共生的先行区，青藏高原自然保护展示和生态文化传承区。

（二）协调属地县政府的行为

通过综合规划、综合管理、综合执法，对三江源自然资源资产实行一体化、集中高效统一的管理和更加严格规范的生态保护。协调属地县政府做好园区内生态保护、基础设施等建设任务，统筹园区内外保护与发展。

（三）经济社会发展的行为

通过设置生态管护公益岗位、加强城镇社区建设、发展生态畜牧业，推进当地牧民转产，创造就业条件，减轻草原压力，提高牧民收入，引导当地牧民保护生态、传承传统文化。

二　三江源国家公园属地县政府的行为分析

三江源国家公园所在地有治多县、曲麻莱县、杂多县和玛多县四个县，属地县政府全面实施“一优两高”战略，负责所辖区域内经济社会发展、生态环境保护及民生保障工作等，体现的是政治、经济、社会、文化、生态“五位一体”的管理者行为。

（一）突出生态优先，加强城乡环境保护的行为

配合三江源国家公园管理局做好所在园区的生态保护工作，组织实施生态建设和保护工程，整治农牧区人居环境，建设美丽高原城镇和高原美丽乡村，不断提升环境质量。

（二）坚持创新驱动，促进产业结构优化的行为

通过创新经营管理方式，完善产业发展保障措施，优化产业发展格局，探索饲草料种植加工模式，推动传统畜牧业向生态畜牧业转型，大力发展绿色低碳产业。

（三）精准扶贫脱贫，提升牧民生活水平的行为

通过开展产业扶贫、就业培训、扶贫搬迁、行业扶贫、专项扶贫、社会扶贫、东西部协作扶贫，开展脱贫攻坚行动，实现现有贫困标准下的贫困人口全部脱贫，促进区域内乡村振兴，实现城乡协调发展和共同富裕。

（四）突出共建共享，提高民生保障水平的行为

积极推动教育、医疗、卫生、文化事业发展，促进公共资源城乡服务均等化；同时大力提高就业培训、社会保障力度，使牧民得到更多实

惠，有效提升当地牧民的幸福感和获得感。

（五）有序推进改革，推动社会治理现代化的行为

推进农牧区医疗卫生体制、户籍制度、司法体制、财税体制、行政执法体制、金融服务体系改革，推动简政放权、优化服务，提升社会治理现代化水平，建设民族团结示范区。

三 三江源国家公园当地牧民的行为分析

三江源国家公园当地牧民世世代代在三江源国家公园特有的生态环境中生存，已经是三江源国家公园生态系统的有机组成部分。他们既是生态环境的依靠者，又是生态环境的保护者，同时由于各种原因当地牧民生活水平还比较低，增收能力较弱，面临着提升自身增收能力的现实难题。因此，三江源国家公园当地牧民的行为体现出生态环境的利用与保护的双重特点。

（一）积极参与生态保护的行为

蓝天、白云、山川、河流、草原、湿地等，是三江源国家公园当地牧民世代赖以生存的环境与资源，尊崇自然的文化传统对当地牧民生态保护行为产生的积极影响深远而广泛。

（二）生态资源的过度依赖和开发利用的行为

由于经济收入来源有限，区域产业支撑能力受限，传统畜牧业占主导，过度放牧导致的草场质量退化，非法矿藏资源开采屡禁不止，局部生态环境承载力呈下降趋势。

（三）当地牧民增收能力缓慢提升的行为

通过生态旅游开发、生态移民搬迁、职业技能培训、特色产业发展、生态公益岗位、自主创业和外出务工等多种渠道，三江源国家公园当地牧民正在逐步摆脱对生态资源的依赖，当地牧民增收能力在缓慢提升。

第二节 三江源国家公园相关主体利益关系分析

一 三江源国家公园管理局与属地县政府的利益关系

三江源国家公园管理局代表国家，行使国有自然资源所有者与经营者的职能；属地县政府是地方政府，承担着区域经济社会生态文化全面

发展的职能。二者的利益关系主要表现为二者的合作关系和冲突关系。

（一）二者的合作关系主要表现在生态保护上

生态保护是三江源国家公园管理局的核心目标和职能，也是属地县政府的首要目标。二者在生态保护上能够彼此合作，互相支持。同时三江源国家公园管理局的生态保护建设项目可以有效带动项目所在地的经济发展，拉动地区生产总值的增长，属地县政府因此受益。地方政府有效的组织、协调也是三江源国家公园管理局实施生态项目建设及推进生态保护的重要依靠。另外，三江源国家公园管理局通过购买生态公益岗位服务，能为当地牧民脱贫致富创造良好条件，促进当地经济社会发展，也是二者的共同目标和利益所在。

（二）二者也存在一定的利益冲突

三江源国家公园管理局生态保护的严格标准和执法监管行为，大大限制了属地县政府通过非法开发利用资源发展经济的投机行为，所在区域的经济发展速度可能有所下降，属地县政府可能心存不满。此外，生态移民搬迁后造成的生活水平相对下降、社会文化冲突等问题，导致属地县政府管理难度增加，可能引起属地县政府特别是乡（镇）政府、牧委会（村委会）部分干部的抱怨。

二 三江源国家公园管理局与当地牧民的利益关系

从行政管理角度看，三江源国家公园管理局是管理者，当地牧民是被管理者，二者是行政机关与行政相对方的关系。从生态保护分工来看，三江源国家公园管理局是生态保护的领导者、组织者，当地牧民是生态保护的参与者、实施者，二者是领导与被领导关系。

（一）二者在生态保护上存在合作关系

保护三江源国家公园的良好生态，既是三江源国家公园管理局的行政管理目标，也是三江源国家公园当地牧民所追求的生活目标，二者在目标上具有共同性。三江源国家公园管理局通过制定规划、争取资金、实施项目、监督管理，对三江源国家公园生态保护进行统筹安排，当地牧民则通过生态护林员、生态项目工程建设者、生态产业实施者等方式参与到三江源国家公园生态保护活动中。

（二）二者在生态资源利用开发上存在一定的利益冲突

当地牧民，特别是当地牧民增收能力较弱的生活困难牧民，具有开发生态资源获取眼前经济收益的本能冲动，但受限于三江源国家公园管理局严格的生态保护制度和管理措施，这一想法无法实施，可能会对三江源国家公园管理局产生不满情绪。另外，三江源国家公园管理局实施的关系当地经济社会发展的政策、项目及工作措施，可能与当地牧民的期待有差距，当地牧民因此不太满意而产生冲突。

三　属地县政府与当地牧民的利益关系

属地县政府对当地牧民实行经济社会的全面管理与服务，是典型的行政机关与行政相对方的关系。二者既有共同利益，又存在一定冲突。

（一）二者在生态保护和当地牧民增收上具有共同利益

生态保护是属地县政府的第一责任，精准脱贫又是脱贫攻坚战的首要目标，因此属地县政府会集中力量做好生态保护和当地牧民增收。这两件事又事关当地牧民的生存环境和生活水平，因此也是当地牧民自身追求的重要目标。同时，属地县政府通过生态项目的实施，既可以拉动经济增长，也可以吸纳部分当地牧民就业，增加其经济收入；通过推进生态公益岗位服务采购，既实现了生态保护，又增加了当地牧民收入，有助于提升当地牧民增收能力。

（二）二者又在生态保护和当地牧民增收的标准和力度上存在一定的冲突

生态保护和当地牧民增收是属地县政府两项硬性考核指标，属地县政府希望这两个目标都能实现。而相对于生态保护来讲，当地牧民可能更看重牧民增收，因为生活水平的提高是实实在在看得见摸得着的事情，而生态环境的效果需要长时间才能看得见。因此，可能出现当地牧民对属地县政府对牧民增收的能力提升支持太少而不太满意。

第三节　三江源国家公园相关主体博弈关系分析

一　三江源国家公园生态保护与牧民增收博弈的定性分析

（一）三江源国家公园各主体的内部博弈行为选择

1. 三江源国家公园管理局对生态保护与当地牧民增收的内部博弈行为选择

对三江源国家公园管理局而言，虽然生态保护与牧民增收都是其重要工作目标，但生态保护是其最为重要的工作目标，或者说是首要工作目标。《三江源国家公园考核指标体系》共有43项指标，只有经济发展等4项指标与持续脱贫有关。在处理生态保护与牧民增收的关系上，三江源国家公园管理局必然会将重心放在生态保护上，从而呈现偏向生态保护的利益博弈倾向。

2. 属地县政府对生态保护与当地牧民增收的内部博弈行为选择

对属地县政府而言，生态保护与牧民增收均为其重点工作任务与考核目标。鉴于青海省特别是三江源国家公园特殊的生态地位，生态保护处于优先发展和统领全局的位置；而牧民增收又关系到当地牧民生存发展的大事，也是新时代牧民迈向现代化征程的新起点。因此，属地县政府在处理生态保护与牧民增收关系上会采取“两手抓两手都要硬”的策略，呈现出重心居中的利益博弈选择。

3. 当地牧民对生态保护与牧民增收的内部博弈行为选择

对于长期生活在三江源国家公园的当地牧民而言，良好的生态环境和较高的经济收入是他们追求的两个重要目标。但是由于生态环境属于公共产品，“搭便车”的心理和行为导致他们会更多地关注增加自身经济收入和增强自身增收能力。同时，由于生态环境保护与治理的效果具有延后性和长期性，而经济收入的提高以及牧民增收能力的提升具有即时性和当期性，因此当地牧民在处理生态保护和牧民增收关系上，偏重于增收能力提升，从而形成偏向牧民增收能力的利益博弈格局。

（二）三江源国家公园各主体的外部博弈行为选择

三江源国家公园管理局、属地县政府和当地牧民在内部博弈行为选择的基础上，还会在外部博弈中产生行为选择。在生态保护与牧民增收的关系上，三江源国家公园管理局具有偏向生态保护的内部博弈倾向，属地县政府居中的内部博弈倾向和当地牧民具有偏向牧民增收的内部博弈倾向。在三者外部进行多次博弈的过程中，三江源国家公园管理局会将重心慢慢向牧民增收转移，采取更多有利于牧民增收的生态保护措施；当地牧民会将重心逐渐向生态保护方向移动，采取更多有利于生态保护的增收方式；属地县政府会将生态保护和当地牧民增收结合，发展生态经济，实现经济发展生态化和生态资源经济化，促进二者协调发展。

二 三江源国家公园生态保护与牧民增收博弈的量化分析

构建三方演化博弈模型，量化分析三江源国家公园管理局、属地县政府和当地牧民的博弈关系。

（一）三方博弈模型的构建

假设三江源国家公园管理局为参与人一，属地县政府为参与人二，当地牧民为参与人三。三方均是有限理性的参与主体，策略选择随时间逐渐演化稳定于最优策略。

1. 博弈模型的假设

本书提出如下假设：

（1）博弈方包括三江源国家公园管理局、属地县政府、当地牧民。

（2）各方都为有限理性，目的是实现自身利益的最大化。

（3）策略选择：三江源国家公园管理局（为表述简便，本章以下简称“国家公园管理局”）作为当地生态保护工作的主要推动方，有两种策略可以选择：生态保护的单一策略或者生态保护与生态产业协调策略。属地县政府也有两种策略可以选择：经济发展单一策略或者生态保护与经济发展协调策略。当地牧民也有两种策略可以选择：个人生计单一策略或者生态保护与个人生计协调策略。为便于分析，假定三江源国家公园单一策略为生态保护；属地县政府单一策略为经济发展；当地牧民单一策略为个人生计。

2. 相关变量设置

（1）成本参数假设。

E_1 为国家公园管理局生态保护支出，主要包括生态治理修复资金支出等。

F_1 为国家公园管理局发展生态产业支出，主要包括绿色产业支持资金支出等。

E_2 为属地县政府经济发展支出，主要包括绿色产业配套支持资金支出等。

F_2 为属地县政府生态保护支出，主要包括生态治理修复协调成本支出等。

E_3 为当地牧民个人生计支出，主要包括产业发展成本和经营性投资支出等。

F_3 为当地牧民生态保护支出，主要包括直接参与生态保护的成本和产业限制而导致的收入减少等。

C_1 为国家公园管理局实施生态保护单一策略受到属地县政府抵触时的损失，主要包括政府协调行为不配合导致管理成本增加。

C_2 为国家公园管理局实施生态保护单一策略受到当地牧民抵触时的损失，主要包括牧民因生计原因破坏生态而导致生态治理成本增加。

C_3 为属地县政府实施经济发展单一策略受到公园管理局抵触时的损失，主要包括国家公园管理局对破坏生态行为的行政处罚而导致的管理成本增加和政府声誉的负面影响。

C_4 为当地牧民个人实施生计单一策略受到公园管理局抵触时的损失，主要包括国家公园管理局对破坏生态行为的行政处罚而导致牧民的经济损失。

（2）收益参数假设。

G_1 为国家公园管理局生态保护收益，主要包括上级的精神奖励（职务晋升、评先表优等）与绩效奖励（专项奖励与年度奖励）。

H_1 为国家公园管理局发展生态产业收益，主要包括属地县政府和当地牧民的行为支持带来的管理成本下降和政治声誉的正向回报等。

G_2 为属地县政府经济发展收益，主要包括上级的精神奖励（职务晋升、评先表优等）与绩效奖励（专项奖励与年度奖励），以及当地牧民的行为支持带来的管理成本下降和政治声誉的正向回报等。

H_2 为属地县政府生态保护收益，主要包括上级的精神奖励（职务晋升、评先表优等）与绩效奖励（专项奖励与年度奖励），以及国家公园管理局的行为支持带来的管理成本下降和政治声誉的正向回报等。

G_3 为当地牧民个人生计收益，主要包括经济收入的增加和生活水平的提高等。

H_3 为当地牧民生态保护收益，主要包括良好的生态环境和国家公园管理局和属地县政府的奖励（生态补偿、精神奖励等）等。

M_1 为国家公园管理局采取协调策略时来自属地县政府的协调策略收益，主要包括属地县政府采取协调策略的外部收益，如效率部分提升、成本部分降低等。

N_1 为国家公园管理局采取协调策略时来自当地牧民的协调策略收

益，主要包括当地牧民采取协调策略的外部收益，如效率提升、成本降低等。

M_2 为国家公园管理局采取单一策略时来自属地县政府的协调策略收益，主要包括属地县政府采取协调策略的外部收益，如效率部分提升、成本部分降低等。

N_2 为国家公园管理局采取单一策略时来自当地牧民的协调策略收益，主要包括当地牧民采取协调策略的外部收益，如效率提升、成本降低等。

L_1 为属地县政府采取协调策略时来自公园管理局的协调策略收益，主要包括公园管理局采取协调策略的外部收益，如效率提升、成本降低等。

N_3 为属地县政府采取协调策略时来自当地牧民的协调策略收益，主要包括当地牧民采取协调策略的外部收益，如效率提升、成本降低等。

L_2 为属地县政府采取单一策略时来自公园管理局的协调策略收益，主要包括公园管理局采取协调策略的外部收益，如效率部分提升、成本部分降低等。

N_4 为属地县政府采取单一策略时来自当地牧民的协调策略收益，主要包括当地牧民采取协调策略的外部收益，如效率部分提升、成本部分降低等。

L_3 为当地牧民采取协调策略时来自公园管理局的协调策略收益，主要包括公园管理局采取协调策略的外部收益，如环境改善、收入增加等。

M_3 为当地牧民采取协调策略时来自属地县政府的协调策略收益，主要包括属地县政府采取协调策略的外部收益，如环境改善、收入增加等。

L_4 为当地牧民采取单一策略时来自公园管理局的协调策略收益，主要包括公园管理局采取协调策略的外部收益，如环境部分改善、收入部分增加等。

M_4 为当地牧民采取单一策略时来自属地县政府协调策略的收益，主要包括公园管理局采取协调策略的外部收益，如环境部分改善、收入部分增加等。

3. 博弈三方的收益矩阵

基于假设和变量设置，假设国家公园管理局选择协调策略的概率为 x，则其选择单一策略的概率为 $1-x$；属地县政府选择协调策略的概率为 y，则其选择单一策略的概率为 $1-y$；当地牧民选择协调策略的概率为 z，则其选择单一策略的概率为 $1-z$；x，y，$z\in$（0，1）。根据以上假设和参数，可构建出三江源国家公园管理局、属地县政府和当地牧民三方博弈的 8 种策略组合（见表 7-1）。

表 7-1　博弈三方的收益矩阵

三江源国家公园管理局	属地县政府	当地牧民	
		协调策略（z）	单一策略（$1-z$）
协调策略（x）	协调策略（y）	$G_1+H_1-E_1-F_1+M_1+N_1$	$G_1+H_1-E_1-F_1+M_1$
		$G_2+H_2-E_2-F_2+L_1+N_3$	$G_2+H_2-E_2-F_2+L_1$
		$G_3+H_3-E_3-F_3+L_3+M_3$	$G_3-E_3+L_4+M_4-C_4$
	单一策略（$1-y$）	$G_1+H_1-E_1-F_1+N_1$	$G_1+H_1-E_1-F_1$
		$G_2-E_2+L_2+N_4-C_3$	$G_2-E_2+L_2-C_3$
		$G_3+H_3-E_3-F_3+L_3$	$G_3-E_3+L_4-C_4$
单一策略（$1-x$）	协调策略（y）	$G_1-E_1+M_2+N_2$	$G_1-E_1+M_2-C_2$
		$G_2+H_2-E_2-F_2+N_3$	$G_2+H_2-E_2-F_2$
		$G_3+H_3-E_3-F_3+M_3$	$G_3-E_3+M_4-C_4$
	单一策略（$1-y$）	$G_1-E_1+N_2-C_1$	$G_1-E_1-C_1-C_2$
		$G_2-E_2+N_4-C_3$	$G_2-E_2-C_3$
		$G_3+H_3-E_3-F_3$	$G_3-E_3-C_4$

（二）模型的求解与分析

国家公园管理局、属地县政府和当地牧民均可根据自身收益和损失选择最佳策略。

1. 国家公园管理局的稳定策略

假设国家公园管理局选择协调策略的期望收益为 U_{1Y}，选择单一策略的期望收益为 U_{1N}，平均期望收益为 $\overline{U_1}$，则：

$U_{1Y}=yz(G_1+H_1-E_1-F_1+M_1+N_1)+y(1-z)(G_1+H_1-E_1-F_1+M_1)+(1-$

$y)z(G_1+H_1-E_1-F_1+N_1)+(1-y)(1-z)(G_1+H_1-E_1-F_1)$

$U_{1N}=yz(G_1-E_1+M_2+N_2)+y(1-z)(G_1-E_1+M_2-C_2)+(1-y)z(G_1-E_1+N_2-C_1)+(1-y)(1-z)(G_1-E_1-C_1-C_2)$

$\bar{U}_1=xU_{1Y}+(1-x)U_{1N}$

国家公园管理局的复制动态分析为：

$$F(x)=\frac{dx}{dt}=x(U_{1Y}-\bar{U}_1)=-x(x-1)(C_1+C_2-F_1+H_1-C_1y-C_2z+M_1y-M_2y+N_1z-N_2z)$$

令 $F(x)=0$，则有 $x_1=0$，$x_2=1$，$y_0=\frac{C_1+C_2-F_1+H_1-C_2z+N_1z-N_2z}{C_1-M_1+M_2}$或$z_0=\frac{C_1+C_2-F_1+H_1-C_1y+M_1y-M_2y}{C_2-N_1+N_2}$

对式 $F(x)$求导可得：$\frac{dF(x)}{dx}=(-2x+1)(C_1+C_2-F_1+H_1-C_1y-C_2z+M_1y-M_2y+N_1z-N_2z)$

由复制动态方程稳定性定理可知：当 $y=y_0$ 或 $z=z_0$ 时，$F(x)\equiv 0$，此时所有的水平均为稳定点，国家公园管理局选择协调策略的概率无论为多少都是稳定策略，不会随时间推移而改变。接下来，将 y 或 z 分别看作常数，即属地县政府或当地牧民选择协调策略的概率不变，进行讨论分析。

首先，将 z 看作常数，且 $y\neq y_0$ 时，$x_1=0$ 和 $x_2=1$ 是两个稳定点。此时，可以分两种情况进行讨论：①当 $y_0<y<1$ 时，$\frac{dF(x)}{dx}\big|_{x_1=0}>0$，$\frac{dF(x)}{dx}\big|_{x_2=1}<0$，故 $x_2=1$ 是演化稳定策略。即在当地牧民选择协调策略的概率不变的情况下，属地县政府选择协调策略的概率高于 y_0 时，国家公园管理局最终会选择协调策略。②当 $0<y<y_0$ 时，$\frac{dF(x)}{dx}\big|_{x_1=0}<0$，$\frac{dF(x)}{dx}\big|_{x_2=1}>0$，故 $x_1=0$ 是演化稳定策略。即在当地牧民选择协调策略的概率不变的情况下，属地县政府选择协调策略的概率低于 y_0 时，国家公园管理局最终不会选择协调策略。

其次，将 y 看作常数，且 $z \neq z_0$ 时，$x_1=0$ 和 $x_2=1$ 是两个稳定点。此时，也可以分两种情况进行讨论：①当 $z_0<z<1$ 时，$\frac{dF(x)}{dx}|_{x_1=0}>0$，$\frac{dF(x)}{dx}|_{x_2=1}<0$，故 $x_2=1$ 是演化稳定策略。即在属地县政府选择协调策略的概率不变的情况下，当地牧民选择协调策略的概率高于 z_0 时，国家公园管理局最终会选择协调策略。②当 $0<z<z_0$ 时，$\frac{dF(x)}{dx}|_{x_1=0}<0$，$\frac{dF(x)}{dx}|_{x_2=1}>0$，故 $x_1=0$ 是演化稳定策略。即在属地县政府选择协调策略的概率不变的情况下，当地牧民选择协调策略的概率低于 z_0 时，国家公园管理局最终不会选择协调策略。

由此可知，如果属地县政府在发展经济过程中能够兼顾到保护生态，当地牧民通过畜牧生计方式获得收入时协同配合保护生态，国家公园管理局也会在保护生态的同时发展绿色生态产业来推动地方经济发展、助力牧民增收致富。如果属地县政府只顾及发展经济而忽略保护环境，当地牧民只顾及个人生计，不保护生态，这将导致国家公园管理局也只负责生态保护，三方之间的冲突明显增加。即属地县政府和当地牧民如果采取协调策略，则可增加自身和国家公园管理局的收益；反之如果采取单一策略，自身和国家公园管理局的收益都会减少，随着时间推移，国家公园管理局也会采取单一策略（见图 7-1）。

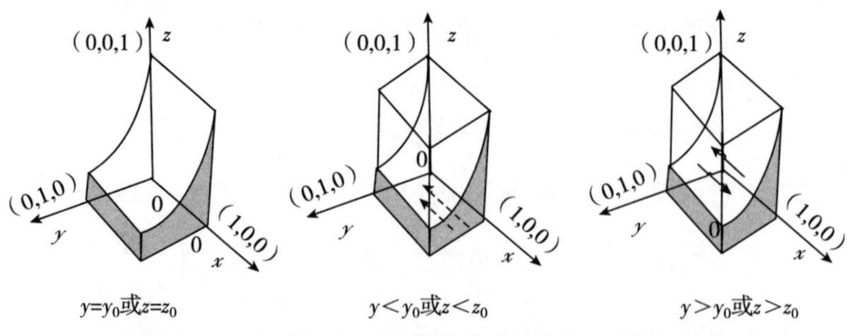

图 7-1 三江源国家公园管理局决策的动态演化路径

2. 属地县政府的稳定策略

假设属地县政府选择协调策略的期望收益为 U_{2Y}，选择单一策略的

期望收益为 U_{2N}，平均期望收益为 $\bar{U}_2$，则：

$$U_{2Y}=xz(G_2+H_2-E_2-F_2+L_1+N_3)+x(1-z)(G_2+H_2-E_2-F_2+L_1)+(1-x)z(G_2+H_2-E_2-F_2+N_3)+(1-x)(1-z)(G_2+H_2-E_2-F_2)$$

$$U_{2N}=xz(G_2-E_2+L_2+N_4-C_3)+x(1-z)(G_2-E_2+L_2-C_3)+(1-x)z(G_2-E_2+N_4-C_3)+(1-x)(1-z)(G_2-E_2-C_3)$$

$$\bar{U}_2=yU_{2Y}+(1-y)U_{2N}$$

属地县政府的复制动态分析为：

$$F(y)=\frac{dy}{dt}=y(U_{2Y}-\bar{U}_2)=-y(y-1)(C_3-F_2+H_2+L_1x-L_2x+N_3z-N_4z)$$

令 $F(y)=0$，则有 $y_1=0$，$y_2=1$，$x_0=\frac{C_3-F_2+H_2+N_3z-N_4z}{L_2-L_1}$或 $z_0=\frac{C_3-F_2+H_2+L_1x-L_2x}{N_4-N_3}$

对式 $F(y)$ 进行求导，可得：

$$\frac{dF(y)}{dy}=(-2y+1)(C_3-F_2+H_2+L_1x-L_2x+N_3z-N_4z)$$

由复制动态方程稳定性定理可知：当 $x=x_0$ 或 $z=z_0$ 时，$F(y)\equiv 0$，此时所有的水平均为稳定点，属地县政府选择协调策略的概率无论为多少都是稳定策略，不会随时间推移而改变。接下来，将 x 或 z 分别看作常数，即国家公园管理局或当地牧民选择协调策略的概率不变，进行讨论分析。

首先，将 z 看作常数，且 $x\neq x_0$ 时，$y_1=0$ 和 $y_2=1$ 是两个稳定点。此时，可以分两种情况进行讨论：①当 $x_0<x<1$ 时，$\frac{dF(y)}{dy}\big|_{y_1=0}>0$，$\frac{dF(y)}{dy}\big|_{y_2=1}<0$，故 $y_2=1$ 是演化稳定策略。即在当地牧民选择协调策略的概率不变的情况下，国家公园管理局选择协调策略的概率高于 x_0 时，属地县政府也会选择协调策略。②当 $0<x<x_0$ 时，$\frac{dF(y)}{dy}\big|_{y_1=0}<0$，$\frac{dF(y)}{dy}\big|_{y_2=1}>0$，故 $y_1=0$ 是演化稳定策略。即在当地牧民选择协调策略的概率不变的情况下，国家公园管理局选择协调策略的概率低于 x_0

时，属地县政府不会选择协调策略。

其次，将 x 看作常数，且 $z \neq z_0$ 时，$y_1 = 0$ 和 $y_2 = 1$ 是两个稳定点。此时，也可以分两种情况进行讨论：①当 $z_0<z<1$ 时，$\frac{dF(y)}{dy}\Big|_{y_1=0}>0$，$\frac{dF(y)}{dy}\Big|_{y_2=1}<0$，故 $y_2 = 1$ 是演化稳定策略。即在国家公园管理局选择协调策略的概率不变的情况下，当地牧民选择协调策略的概率高于 z_0 时，属地县政府也会选择协调策略。②当 $0<z<z_0$ 时，$\frac{dF(y)}{dy}\Big|_{y_1=0}<0$，$\frac{dF(y)}{dy}\Big|_{y_2=1}>0$，故 $y_1 = 0$ 是演化稳定策略。即在国家公园管理局选择协调策略的概率不变的情况下，当地牧民选择协调策略的概率低于 z_0 时，属地县政府不会选择协调策略。

由此可知，如果国家公园管理局在保护生态的同时发展绿色生态产业，当地牧民在增加生计收入的同时积极参与绿色生态产业转型，属地县政府会积极推动经济高质量发展，加强生态保护，支持绿色生态产业发展促进当地牧民增收。如果国家公园管理局只保护环境，不发展绿色产业，当地牧民只顾及个人生计，不保护生态，这将导致属地县政府也只发展经济，三方之间的冲突明显增加。即国家公园管理局和当地牧民如果采取协调策略，则可增加自身和属地县政府的收益；反之如果采取单一策略，自身和属地县政府的收益都会减少，随着时间推移，属地县政府也会采取单一策略（见图 7-2）。

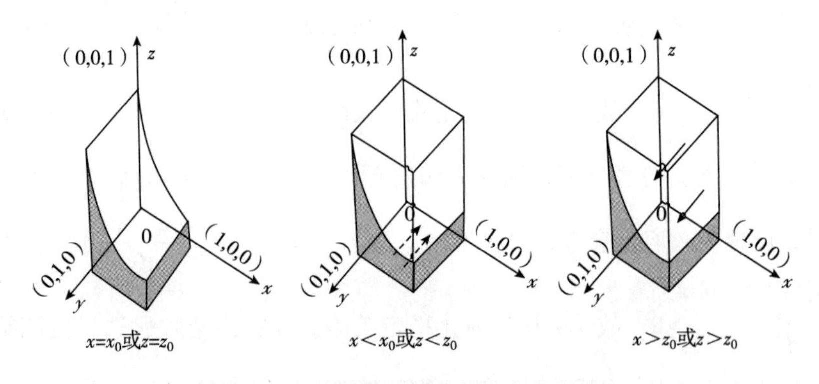

图 7-2　属地县政府决策的动态演化路径

3. 当地牧民的稳定策略

假设当地牧民选择协调策略的期望收益为 U_{3Y}，选择单一策略的期望收益为 U_{3N}，平均期望收益为 $\bar{U}_3$，则：

$$U_{3Y}=xy(G_3+H_3-E_3-F_3+L_3+M_3)+x(1-y)(G_3+H_3-E_3-F_3+L_3)+(1-x)y(G_3+H_3-E_3-F_3+M_3)+(1-x)(1-y)(G_3+H_3-E_3-F_3)$$

$$U_{3N}=xy(G_3-E_3+L_4+M_4-C_4)+x(1-y)(G_3-E_3+L_4-C_4)+(1-x)y(G_3-E_3+M_4-C_4)+(1-x)(1-y)(G_3-E_3-C_4)$$

$$\bar{U}_3=zU_{3Y}+(1-z)U_{3N}$$

当地牧民的复制动态分析为：

$$F(z)=\frac{dz}{dt}=z(U_{3Y}-\bar{U}_3)=-z(z-1)(C_4-F_3+H_3+L_3x-L_4x+M_3y-M_4y)$$

令 $F(z)=0$，则有 $z_1=0$，$z_2=1$，$x_0=\frac{C_4-F_4+H_3+M_3y-M_4y}{L_4-L_3}$或 $y_0=\frac{C_4-F_4+H_3+L_3x-L_4x}{M_4-M_3}$

对式 F（z）进行求导，可得：

$$\frac{dF(z)}{dz}=(-2z+1)(C_4-F_3+H_3+L_3x-L_4x+M_3y-M_4y)$$

由复制动态方程稳定性定理可知：当 $x=x_0$ 或 $y=y_0$ 时，$F(z)\equiv 0$，此时所有的水平均为稳定点。当地牧民选择协调策略的概率无论多少，最终行为都是稳定策略。接下来，将 x 或 y 分别看作常数，即国家公园管理局或属地县政府选择协调策略的概率不变，进行讨论分析。

首先，将 y 看作常数，且 $x\neq x_0$ 时，$z_1=0$ 和 $z_2=1$ 是两个稳定点。此时，可以分两种情况进行讨论：①当 $x_0<x<1$ 时，$\frac{dF(z)}{dz}\big|_{z_1=0}>0$，$\frac{dF(z)}{dz}\big|_{z_2=1}<0$，故 $z_2=1$ 是演化稳定策略。即在属地县政府选择协调策略的概率不变的情况下，国家公园管理局选择协调策略的概率高于 x_0 时，当地牧民会跟随选择协调策略。②当 $0<x<x_0$ 时，$\frac{dF(z)}{dz}\big|_{z_1=0}<0$，$\frac{dF(z)}{dz}\big|_{z_2=1}>0$，故 $z_1=0$ 是演化稳定策略。即在属地县政府选择协调策

略的概率不变的情况下，当国家公园管理局选择协调策略的概率低于 x_0 时，当地牧民不会选择协调策略。

其次，将 x 看作常数，且 $y \neq y_0$ 时，$z_1=0$ 和 $z_2=1$ 是两个稳定点。此时，也可以分两种情况进行讨论：①当 $y_0<y<1$ 时，$\frac{dF(z)}{dz}|_{z_1=0}>0$，$\frac{dF(z)}{dz}|_{z_2=1}<0$，故 $z_2=1$ 是演化稳定策略。即在国家公园管理局选择协调策略的概率不变的情况下，属地县政府选择协调策略的概率高于 y_0 时，当地牧民会跟随选择协调策略。②当 $0<y<y_0$ 时，$\frac{dF(z)}{dz}|_{z_1=0}<0$，$\frac{dF(z)}{dz}|_{z_2=1}>0$，故 $z_1=0$ 是演化稳定策略。即在国家公园管理局选择协调策略的概率不变的情况下，当属地县政府选择协调策略的概率低于 y_0 时，当地牧民不会选择协调策略。

由此可知，如果国家公园管理局在保护生态的同时，通过引导当地牧民参与特许经营，鼓励牧民从事生态保护工程劳务、生态监测等工作，增加牧民收入，属地县政府转变经济发展方式，推动牧民绿色产业转型，当地牧民会逐步提高生态保护意识，兼顾个人生计和生态保护。如果国家公园管理局只保护环境，不发展绿色产业，属地县政府只顾及发展经济而忽略保护环境，采取单一策略，这将导致当地牧民只顾及个人生计，不保护生态，三方之间的冲突明显增加。即国家公园管理局和属地县政府如果采取协调策略，则可增加当地牧民的收益；如果采取单一策略，自身和当地牧民的收益都会减少，随着时间推移，当地牧民也会采取单一策略（见图 7-3）。

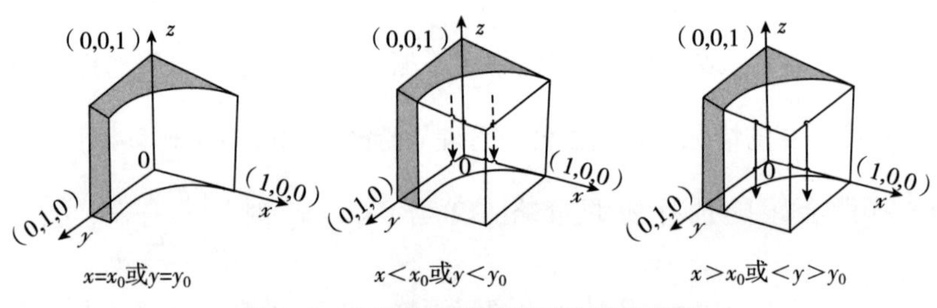

图 7-3　当地牧民决策的动态演化路径

（三）博弈三方演化稳定策略分析

参考 Guo① 的研究成果，依据演化博弈均衡点的判断方式，结合上述三方主体的复制动态方程，构建雅克比矩阵（见表 7-2）。

表 7-2 博弈三方的雅克比矩阵

$(-2x+1)(C_1+C_2-F_1+H_1-C_1y-C_2z+M_1y-M_2y+N_1z-N_2z)$	$-x(x-1)(-C_1+M_1-M_2)$	$-x(x-1)(-C_2+N_1-N_2)$
$-y(y-1)(L_1-L_2)$	$(-2y+1)(C_3-F_2+H_2+L_1x-L_2x+N_3z-N_4z)$	$-y(y-1)(N_3-N_4)$
$-z(z-1)(L_3-L_4)$	$-z(z-1)(M_3-M_4)$	$(-2z+1)(C_4-F_3+H_3+L_3x-L_4x+M_3y-M_4y)$

令 $F(x)=F(y)=F(z)=0$，得到局部均衡点为 E_1［0，0，0］，E_2［1，0，0］，E_3［0，1，0］，E_4［0，0，1］，E_5［1，1，0］，E_6［1，0，1］，E_7［0，1，1］，E_8［1，1，1］。根据演化博弈理论的研究结果可知，当雅克比矩阵的特征值都为负数时，此时的局部均衡点即为演化稳定策略（ESS）。计算每一个均衡点所对应的雅克比矩阵的特征值（见表 7-3）。

表 7-3 博弈三方雅克比矩阵的特征值

均衡点	特征值 λ_1	特征值 λ_2	特征值 λ_3
［0，0，0］	$C_1+C_2-F_1+H_1$	$C_3-F_2+H_2$	$C_4-F_3+H_3$
［1，0，0］	$-(C_1+C_2-F_1+H_1)$	$C_3-F_2+H_2+L_1-L_2$	$C_4-F_3+H_3+L_3-L_4$
［0，1，0］	$C_2-F_1+H_1+M_1-M_2$	$-(C_3-F_2+H_2)$	$C_4-F_3+H_3+M_3-M_4$
［0，0，1］	$C_1-F_1+H_1+N_1-N_2$	$C_3-F_2+H_2+N_3-N_4$	$-(C_4-F_3+H_3)$
［1，1，0］	$-(C_2-F_1+H_1+M_1-M_2)$	$-(C_3-F_2+H_2+L_1-L_2)$	$C_4-F_3+H_3+L_3-L_4+M_3-M_4$
［1，0，1］	$-(C_1-F_1+H_1+N_1-N_2)$	$C_3-F_2+H_2+L_1-L_2+N_3-N_4$	$-(C_4-F_3+H_3+L_3-L_4)$

① Guo Shihong, "Environmental Options of Local Governments for Regional Air Pollution Joint Control: Application of Evolutionary Game Theory", *Economic and Political Studies*, Vol. 4, No. 3, 2016, pp. 238-257.

续表

均衡点	特征值 λ_1	特征值 λ_2	特征值 λ_3
[0, 1, 1]	$-F_1+H_1+M_1-M_2+N_1-N_2$	$-(C_3-F_2+H_2+N_3-N_4)$	$-(C_4-F_3+H_3+M_3-M_4)$
[1, 1, 1]	$-(-F_1+H_1+M_1-M_2+N_1-N_2)$	$-(C_3-F_2+H_2+L_1-L_2+N_3-N_4)$	$-(C_4-F_3+H_3+L_3-L_4+M_3-M_4)$

参考 Barari 做法,① 结合实际，且不失一般，假定三方都采取协调策略时各个主体的收益，大于其他两个主体采取协调策略而自身采取单一策略时的收益。即①$-F_1+H_1+M_1-M_2+N_1-N_2>0$，$G_1+H_1-E_1-F_1+M_1+N_1>G_1-E_1+M_2+N_2$；②$C_3-F_2+H_2+L_1-L_2+N_3-N_4>0$，$G_2+H_2-E_2-F_2+L_1+N_3>G_2-E_2+L_2+N_4-C_3$；③$C_4-F_3+H_3+L_3-L_4+M_3-M_4>0$，$G_3+H_3-E_3-F_3+L_3+M_3>G_3-E_3+L_4+M_4-C_4$。三江源国家公园三方演化博弈雅克比矩阵的特征值参数多且复杂，单个参数的变化将对三方博弈的稳定性产生较大影响，下面分别对两种假设下演化稳定策略进行讨论：

假设一：任意一方或两方选择协调策略时的收益大于单一策略收益，即 $C_1+C_2-F_1+H_1>0$，$C_3-F_2+H_2>0$，$C_4-F_3+H_3>0$；$C_2-F_1+H_1+M_1-M_2>0$，$C_3-F_2+H_2+L_1-L_2>0$，$C_4-F_3+H_3+L_3-L_4>0$；$C_1-F_1+H_1+N_1-N_2>0$，$C_3-F_2+H_2+N_3-N_4>0$，$C_4-F_3+H_3+M_3-M_4>0$；由表 7-3 可知，均衡点 E_8 [1, 1, 1] 所对应的特征值都为负数，因此 E_8 [1, 1, 1] 为三江源国家公园生态保护与经济发展三方演化稳定策略，其所对应的演化稳定策略（ESS）为 {协调，协调，协调}。均衡点所对应的特征值均为非负的为鞍点，因此 E_1 [0, 0, 0] 为鞍点，其余点为非稳定点。

假设二：任意一方或两方选择协调策略时的收益小于单一策略收益，即 $C_1+C_2-F_1+H_1<0$，$C_3-F_2+H_2<0$，$C_4-F_3+H_3<0$；$C_2-F_1+H_1+M_1-M_2<0$，$C_3-F_2+H_2+L_1-L_2<0$，$C_4-F_3+H_3+L_3-L_4<0$；$C_1-F_1+H_1+N_1-N_2<0$，$C_3-F_2+H_2+N_3-N_4<0$，$C_4-F_3+H_3+M_3-M_4<0$；由表 7-3 可知，均衡点 E_1 [0, 0, 0] 和 E_8 [1, 1, 1] 所对应的特征值都为负数，因此 E_1 [0, 0, 0] 和 E_8 [1, 1, 1] 为三江源国家公园生态保护与经济发展

① Barari S., et al., "A Decision Frame Work for The Analysis of Green Supply Chain Contracts: An Evolutionary Game Approach", *Expert Systems with Applications*, No. 3, 2012, pp. 9-13.

三方演化稳定策略，E_1［0，0，0］所对应的演化稳定策略（ESS）为｛单一，单一，单一｝，E_8［1，1，1］所对应的演化稳定策略（ESS）为｛协调，协调，协调｝。均衡点所对应的特征值均为非负的为鞍点，因此 E_5［1，1，0］，E_6［1，0，1］，E_7［0，1，1］为鞍点，其余点为非稳定点。

综上所述，得出三江源国家公园生态保护与经济发展三方演化稳定策略的局部稳定分析结果（见表 7-4）。

表 7-4　　博弈三方均衡点及稳定性

假设一			假设二	
均衡点	特征根符号	稳定性	特征根符号	稳定性
E_1［0，0，0］	（+，+，+）	鞍点	（-，-，-）	ESS
E_2［1，0，0］	（-，+，+）	非稳定点	（+，-，-）	非稳定点
E_3［0，1，0］	（+，-，+）	非稳定点	（-，+，-）	非稳定点
E_4［0，0，1］	（+，+，-）	非稳定点	（-，-，+）	非稳定点
E_5［1，1，0］	（-，-，+）	非稳定点	（+，+，+）	鞍点
E_6［1，0，1］	（-，+，-）	非稳定点	（+，+，+）	鞍点
E_7［0，1，1］	（+，-，-）	非稳定点	（+，+，+）	鞍点
E_8［1，1，1］	（-，-，-）	ESS	（-，-，-）	ESS

（四）博弈三方演化仿真分析

为了进一步分析各主体单一策略成本、协调策略额外成本、协调策略额外收益、协作收益对三江源国家公园生态保护与经济发展三方演化稳定策略的影响，本书运用 MATLAB 软件和演化博弈理论，对三江源国家公园三方主体行为策略的演化路径进行仿真模拟。

1. 参数设置

本书通过查阅三江源国家公园管理局、三江源国家公园属地县政府、三江源国家公园区域内当地牧民三个主体的相关财务报表、统计年鉴，对数据进行整合简化，结合实际，且不失一般，整理出初始参数应满足的条件。

（1）任意一方、两方或三方选择协调策略时的收益大于单一策略收益，选择协调策略的主体越多收益越大。

（2）属地县政府的单一策略成本最大，国家公园管理局次之，当地牧民最小，即 $E_2 > E_1 > E_3$。

（3）属地县政府的单一策略收益最大，国家公园管理局次之，当地牧民最小，即 $G_2 > G_1 > G_3$。

（4）属地县政府协调策略额外投入成本最大，国家公园管理局次之，当地牧民最小，即 $F_2 > F_1 > F_3$。

（5）属地县政府协调策略额外收益最大，国家公园管理局次之，当地牧民最小，即 $H_2 > H_1 > H_3$。

（6）国家公园管理局单一策略受属地县政府抵触的成本最大，属地县政府单一策略受国家公园管理局抵触的成本次之，国家公园管理局单一策略受当地牧民抵触的成本再次之，当地牧民单一策略受国家公园管理局抵触的成本最小，即 $C_1 > C_3 > C_2 > C_4$。

（7）国家公园管理局采取协调策略获得的外部收益最大，其二是属地县政府采取协调策略获得的外部收益，其三是国家公园管理局采取单一策略获得的外部收益，其四是属地县政府采取单一策略获得的外部收益，其五是当地牧民采取协调策略获得的外部收益，其六是当地牧民采取单一策略获得的外部收益，即 $M_1>L_1>M_2>L_2>L_3>M_3>L_4>M_4>N_1>N_3>N_2>N_4$。

综合以上条件，设置参数初始值如下：$E_2=6$，$E_1=4$，$E_3=2$，$F_2=7$，$F_1=5$，$F_3=3$，$G_2=12$，$G_1=8$，$G_3=4$，$H_2=14$，$H_1=10$，$H_3=6$，$C_1=2$，$C_3=1.5$，$C_2=1$，$C_4=0.5$，$M_1=3$，$M_2=2$，$M_3=0.8$，$M_4=0.6$，$L_1=2.5$，$L_2=1.8$，$L_3=0.9$，$L_4=0.7$，$N_1=0.5$，$N_2=0.3$，$N_3=0.4$，$N_4=0.2$。

2. 三方演化博弈行为路径

假设博弈三方各自是否选择协调策略的概率相等，故 x、y 和 z 初始值均为 0.5，将各参数代入三维动力系统，利用 MATLAB18.0 对博弈三方演化行为路径进行数值仿真。若任意一方、两方或三方选择协调策略时的收益大于单一策略收益，三方演化博弈最终的稳定策略为（1，1，1），即国家公园管理局、属地县政府和当地牧民都会选择协调策略（见图 7-4）。结果验证了表 7-4 的结论，E8［1，1，1］为三江源国家

公园生态保护与经济发展三方演化稳定策略。

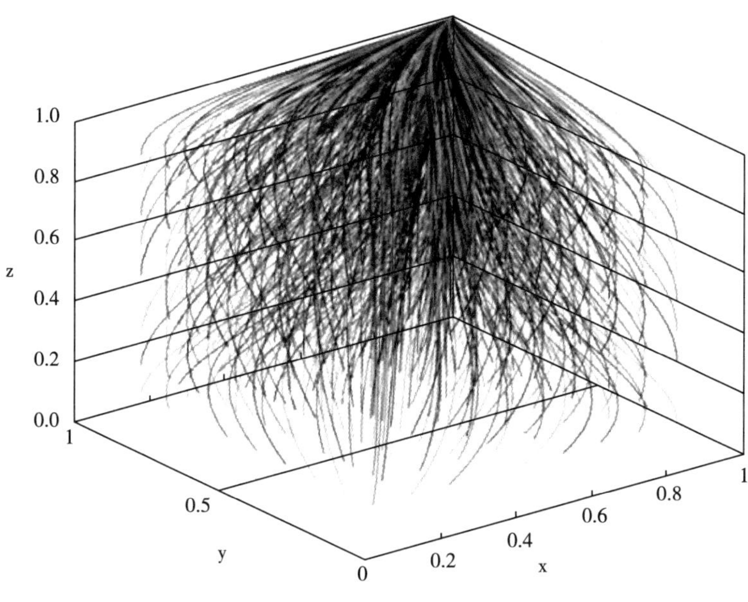

图 7-4　三方演化博弈行为路径

3. 单一策略成本对演化结果的影响

三个主体各自单一策略的成本由两部分构成，一部分由主体自身行为造成，另一部分由相关主体抵触造成，现在分别检验这两种成本对演化结果的影响，即主体自身行为成本参数值 E_i 的增加或减少对演化结果的影响和相关主体抵触成本参数值 C_i 的增加或减少对演化结果的影响（见图 7-5、图 7-6）。

由图 7-5 可知，三个主体自身行为成本参数值 E_i 的增加或减少，对演化结果没有产生影响，其原因在于自身行为成本参数的变动，对各主体的单一策略或协调策略产生的效果相同。在自身行为成本增加时，各主体的单一策略收益和协调策略收益会同等减少；在自身行为成本减少时，各主体的单一策略收益和协调策略收益会同等增加。同理可以推出，各主体采取单一策略时自身收益参数值 G_i 的变动不会对演化结果产生影响。由图 7-6 可知，相关主体抵触成本增加会导致各主体采取协调策略的时间提前，相关主体抵触成本减少会导致各主体采取协调策略的时间推迟。

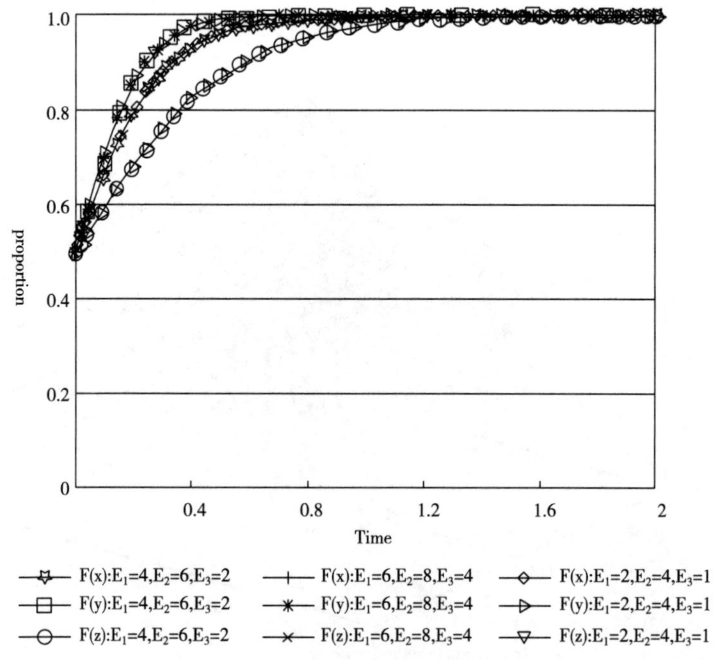

图 7-5　行为成本对演化结果影响轨迹

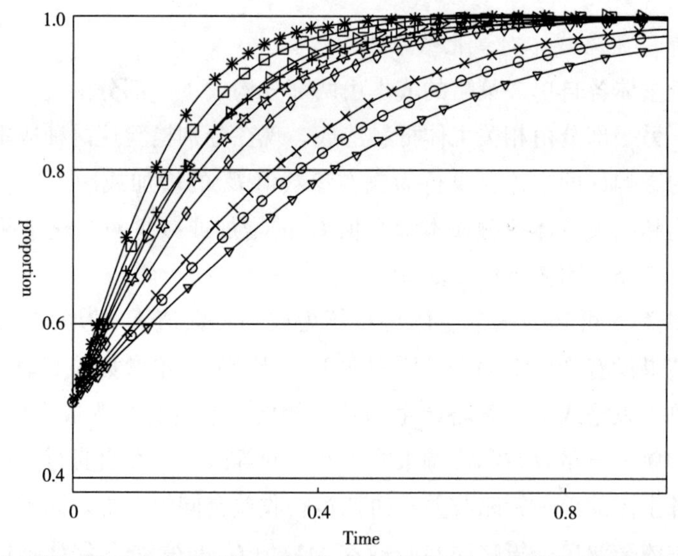

图 7-6　抵触成本对演化结果影响轨迹

4. 协调策略成本对演化结果的影响

三个主体协调策略的初始额外成本分别为 $F_2=7$，$F_1=5$，$F_3=3$，现在假设额外成本增加或减少，来检验这一参数变动对演化结果的影响（见图 7-7、图 7-8）。

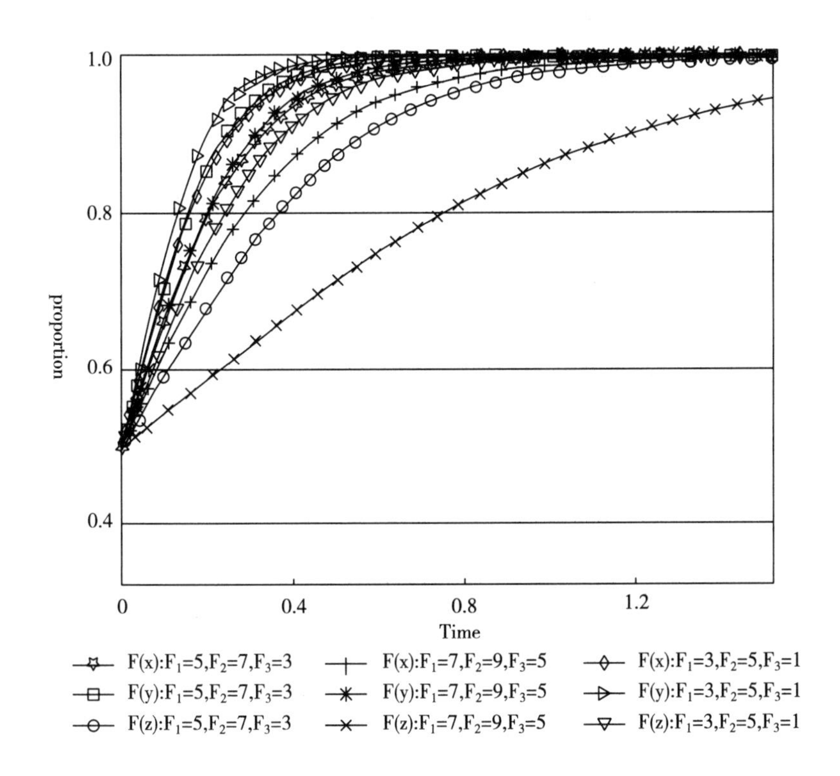

图 7-7 协调策略成本三方演化二维轨迹

由图 7-7 可知，随着协调策略成本参数值 F_i 的增加，x、y 和 z 收敛于 1 的时间会推迟，即国家公园管理局、属地县政府和当地牧民选择协调策略的意愿会下降，其中当地牧民的意愿下降最明显。随着协调策略成本参数值 F_i 的减少，x、y 和 z 收敛于 1 的时间会提前，即各主体选择协调策略的意愿会提高。由图 7-8 可知，随着协调策略成本参数值 F_i 的增加，三方博弈策略平衡点趋于（1，1，1）的速度变慢；反之变快。这种变化表明，属地县政府在达成三方协调策略时经济实力最雄厚，当地牧民是达成三方协调策略的经济实力最薄弱的一方。

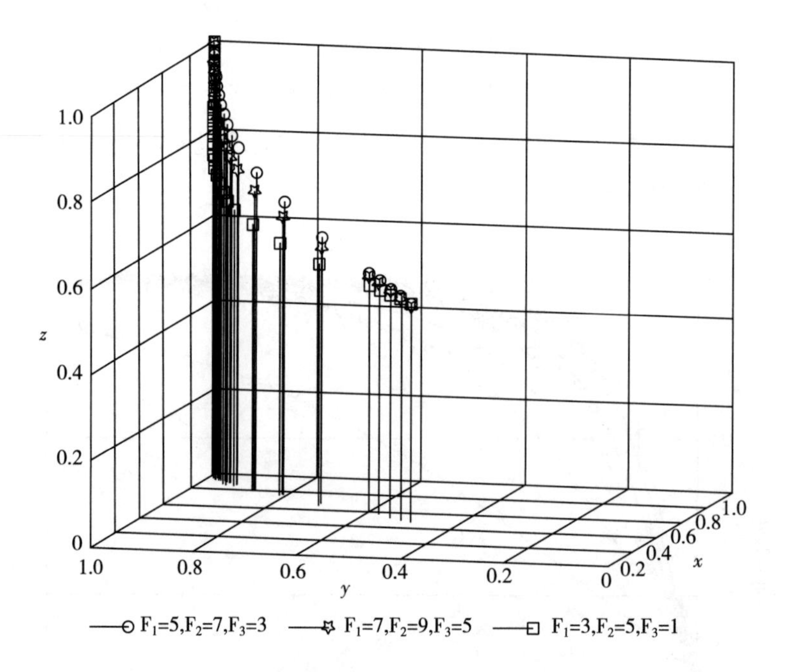

图 7-8 协调策略成本三方演化三维轨迹

5. 协调策略收益对演化结果的影响

三个主体协调策略的初始额外收益分别为 $H_2=14$，$H_1=10$，$H_3=6$，现在假设额外收益增加或减少，来检验这一参数变动对演化结果的影响（见图 7-9、图 7-10）。

从图 7-9 可知，随着协调策略收益参数值 H_i 的增加，x、y 和 z 收敛于 1 的时间会提前，即各主体选择协调策略的意愿会提高。随着协调策略收益参数值 H_i 的减少，x、y 和 z 收敛于 1 的时间会推迟，即各主体选择协调策略的意愿会降低，其中当地牧民的意愿下降最明显。从图 7-10 可知，随着协调策略收益参数值 H_i 的增加，三个主体采取协调策略的意愿提高，三方博弈策略平衡点趋于（1，1，1）的速度变快；反之变慢。这种变化符合理性主体追求收益最大化的常理认识。

6. 协作收益对演化结果的影响

三个主体两两采取协调策略时的初始协作收益分别为 $M_1=3$，$M_3=0.8$，$L_1=2.5$，$L_3=0.9$，$N_1=0.5$，$N_3=0.4$，现在假设协作收益增加或减少，来检验这一参数变动对演化结果的影响（见图 7-11、图 7-12）。

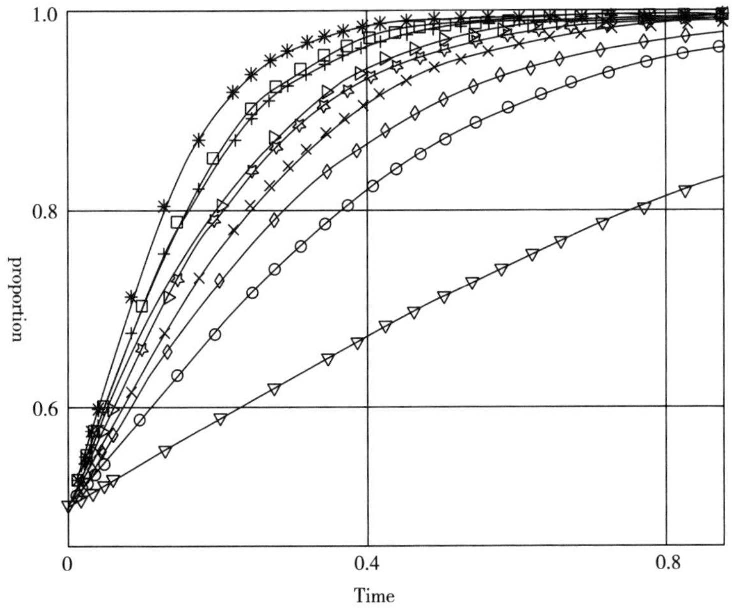

图 7-9　协调策略收益三方演化二维轨迹

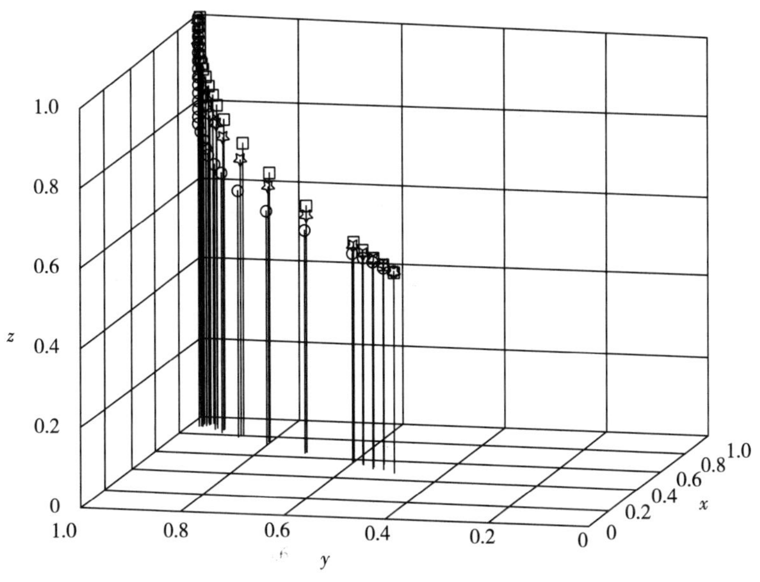

图 7-10　协调策略收益三方演化三维轨迹

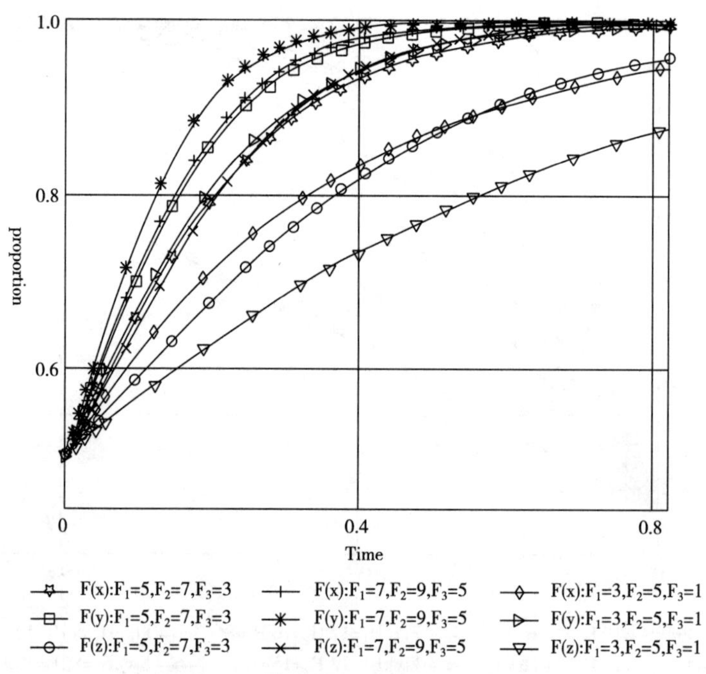

图 7-11 协作收益三方演化二维轨迹

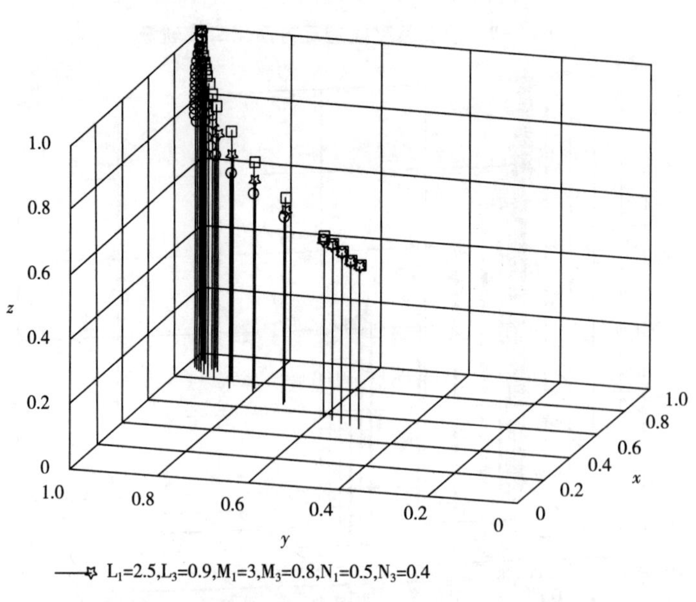

图 7-12 协作收益三方演化三维轨迹

从图 7-11 可知，随着两两协作收益参数值的增加，x、y 和 z 收敛于 1 的时间会提前，即各主体选择协调策略的意愿会提高。随着两两协作收益参数值的减少，x、y 和 z 收敛于 1 的时间会推迟，即各主体选择协调策略的意愿会降低。从图 7-12 可知，随着两两协作收益参数值的增加，三个主体采取协调策略的意愿提高，三方博弈策略平衡点趋于（1，1，1）的速度变快；反之变慢。这种变化表明，两两协作收益的增加，可以巩固三方主体都采取协调策略的意愿。

三　三江源国家公园三方演化博弈基本结论

通过构建三江源国家公园管理局、属地县政府和当地牧民之间生态保护与经济发展的三方演化博弈模型，分析了三个主体兼顾生态保护与经济发展，采取协调策略的稳定性，以及四个主要因素对三方演化稳定策略的影响，得出以下基本结论。

（一）三方利益主体采取生态保护与牧民增收协调机制的收益最大

任何其他两方采取协调策略，第三方则会采取协调策略，从而实现三方利益最大化。如果任何其他两方采取单一策略，第三方则会采取单一策略，致使空间冲突加剧。

（二）三方利益主体中属地县政府采取协调策略的意愿最高

采取协调策略成本和收益而言，政府承受成本能力最强，而收益最大，因而采取协调策略的意愿最高；当地牧民承受成本能力最弱而收益最小，因而采取协调策略的意愿最低。

（三）协调策略成本与各利益主体采取协调策略的意愿呈反方向变动

协调策略成本越高，各利益主体选择协调策略的意愿会下降；协调策略成本越低，各利益主体选择协调策略的意愿会提高。

（四）抵触成本、协调策略收益、两两协作收益与各主体采取协调策略的意愿呈同方向变动

抵触成本越高，协调策略收益和两两协作收益越大，各利益主体选择协调策略的意愿会提高；反之，各利益主体选择协调策略的意愿则会降低。

第四节　本章小结

本章分析了三江源国家公园三个利益主体的职能行为、利益关系，并在此基础上构建了三方博弈模型，量化分析各利益主体的行为稳定策略，为构建三江源国家公园生态保护与牧民增收协调机制提供理论基础和基本依据。

第八章

基于MOP的三江源国家公园土地利用空间优化

不同的土地利用目的，会形成不同的土地利用价值。根据三江源国家公园不同的功能分区和土地利用转化约束条件，通过设定不同演化情景，分别计算三江源国家公园的土地利用价值，可以为三江源国家公园土地结构优化和空间规划提供科学依据。

第一节　多目标情景设置

一　研究思路

以三江源国家公园生态保护与牧民增收为目标，设定自然演变、经济优先和生态优先三种发展情景，利用多目标规划模型（Multiple Objectives Programming，MOP）和Lingo18软件及Geo SOS-FLUS模型，对三江源国家公园土地利用空间布局进行优化，为三江源国家公园管理提供决策参考。

首先，进行土地利用结构优化。设置自然演变、经济优先、生态优先三种发展情景，运用灰色预测模型对目标年份的经济效益和生态效益系数进行预测，并在三江源国家公园功能分区规划、土地利用等约束条件下，测算三种发展情景下的土地利用结构。

其次，进行土地利用空间布局优化。在三江源国家公园功能分区基础上，采用元胞自动机模型，以计算地类转换适宜性概率为规则输入端，土地利用结构为变化数量目标输入端，根据限制转化约束控制条件，通过空间模拟，得到三种发展情景下的土地利用空间优化布局。[①]

最后，进行定性定量分析，得出相关研究结论。

二 发展情景设定

以 2025 年为目标年，设定三种发展情景。

（一）自然演变情景

在《三江源国家公园总体规划》指引下，在核心保育区、生态保育修复区、传统利用区的功能分区基础上，遵循土地利用结构自然演变规律，实现经济效益与生态效益的协同发展。

（二）经济优先情景

以经济效益优先，以传统利用区为重点，加强资源经济利用与开发，加快特色经济发展，全面提升牧民增收能力。

（三）生态优先情景

以生态效益优先，以生态保育修复区为重点，加强生态保护，合理利用传统利用区资源，适当发展有机农畜产业，促进生态环境改善。

三 发展目标设定

（一）经济效益目标

根据 2000—2020 年的单位面积产出，基于时间序列和灰色预测模型，计算出 2025 年的经济效益系数。其中，用林业收入表征林地，牧业收入表征草地，第二产业增加值表征城镇建设用地，农林牧渔专业及辅助性活动收入表征农村居民点用地，旅游收入表征水域、湿地，冰川雪地和其他未利用地直接经济价值为 0。借鉴曹帅等[①]的做法，采用德尔菲法，在咨询相关生态、城建、规划专家的基础上，确定三种情景下的相应权重分别为 0.5、0.7 和 0.3。具体计算公式如下：

$$Z_1 = \max \sum_{i=1}^{n} K_i x_i \tag{8-1}$$

其中，Z_1 为三江源国家公园区域土地利用经济总效益；x_i 为第 i 类土地利用类型的面积；K_i 为第 i 类土地利用单位面积经济产出系数。

（二）生态效益目标

谢高地等把青藏高原生态资产划分成森林、草地、农田、湿地、水

① 曹帅等：《耦合 MOP 与 GeoSOS-FLUS 模型的县级土地利用结构与布局复合优化》，《自然资源学报》2019 年第 6 期。

面、荒漠六类土地类型，从气体调节、气候调节、水源涵养、土壤形成与保护、废物处理、生物多样性保护、食物生产、原材料、娱乐文化九个方面，对青藏高原生态系统服务价值进行了评估。[①] 本书根据此研究成果，结合中国科学院资源环境数据中心提供的植被区划数据，确定三江源国家公园土地的植被类型，按 2000 年的可比价，计算各类土地的生态系统服务价值。采用德尔菲法，确定三种情景下的相应权重分别为 0.5、0.3 和 0.7。具体计算公式如下：

$$Z_2 = \max \sum_{i=1}^{n} P_i x_i \qquad (8-2)$$

其中，Z_2 为三江源国家公园区域土地利用生态总效益；x_i 为第 i 类土地利用类型的面积；P_i 为第 i 类土地利用单位面积生态系统服务价值。

通过计算，确定三江源国家公园各类用地单位面积的经济效益和生态效益系数（见表 8-1）。

表 8-1　三江源国家公园各类用地单位面积的经济效益和生态效益系数　单位：万元/公顷·年

效益系数	草地	林地	城镇建设用地	农村居民点	水域	沼泽湿地	雪山冰川	其他未利用地
经济系数	0.006	0.009	21.788	0.948	0.265	0.265	0.000	0.000
生态系数	3423.587	13121.540	0.000	0.000	3964.327	54082.749	361.988	361.988

注：已剔除物价变动因素，价格为 2000 年不变价，数据为笔者计算所得。

灰色系统理论 GM（1，1）是我国学者邓聚龙教授于 1982 年首次提出。[②] 灰色 GM（1，1）模型具有所需样本数据少、拟合精度较高、计算简便的特点，在小样本、贫信息、不确定系统中得到广泛的

① 谢高地等：《青藏高原生态资产的价值评估》，《自然资源学报》2003 年第 2 期。

② Deng Ju-long, “Control Problem of Grey System”, *System & Control Letter*, Vol. 1, No. 5, 1982, pp. 288-294.

应用。[1] 该模型主要是对原始数据进行处理，对生成的新的数据序列构建微分方程模型，得出其时间相应函数，再用递减的方法进行逆向计算，最后恢复原始数据序列得到预测模型。模型具体构建方法如下：

设原始时间序列为 $x^{(0)}(t)=\{x^{(0)}(1),\ x^{(0)}(2),\ \cdots,\ x^{(0)}(N)\}$，对 $x^{(0)}(t)$ 作累加，即 $x^{(1)}(t)=\sum_{i=0}^{t}x^{(0)}(i)$，$t=1,\ 2,\ \cdots,\ N$，得生成列 $x^{(1)}(t)=\{x^{(1)}(1),\ x^{(1)}(2),\ \cdots,\ x^{(1)}(N)\}$，记背景值 $z(k)=\frac{1}{2}[x^{(1)}(k)+x^{(1)}(k-1)](k=1,\ 2,\ \cdots,\ N)$，则称 $x^{(0)}(k)+az(k)=b[z(k)]^{\alpha}$ 为 GM(1, 1)幂模型(灰微分方程)，称 α 为幂指数。$GM(1,\ 1)$幂模型的白化方程为：

$$\frac{dx^{(1)}(t)}{dt}+ax^{(1)}(t)=b[x^{(1)}(t)]^{\alpha} \tag{8-3}$$

在 $\hat{x}^{(1)}(t)\mid_{t=1}=\hat{x}^{(1)}(1)=x^{(0)}(1)$ 条件下，方程的解(时间响应函数)为：

$$\hat{x}^{(1)}(t)=\left\{\frac{b}{a}+\left[x^{(1)}(1)^{(1-\alpha)}-\frac{b}{a}\right]e^{a(\alpha-1)(t-1)}\right\}^{\frac{1}{\alpha-1}} \tag{8-4}$$

其中 a，b，α 为待估参数。对灰微分方程按照最小二乘法，得到：

$$\begin{bmatrix}a\\b\end{bmatrix}=(B'B)^{-1}B'Y \tag{8-5}$$

其中：

$$B=\begin{bmatrix}-z(2) & [z(2)]^{\alpha}\\ -z(3) & [z(3)]^{\alpha}\\ \vdots & \vdots\\ -z(N) & [z(N)]^{\alpha}\end{bmatrix},\ Y=\begin{bmatrix}x^{(0)}(2)\\ x^{(0)}(3)\\ \vdots\\ x^{(0)}(N)\end{bmatrix} \tag{8-6}$$

幂指数 α 的估计一般由优化方法得到。把 a，b，α 代入下面时间响应函数序列：

---

① 许泽东、柳福祥：《灰色 GM（1，1）模型优化研究进展综述》，《计算机科学》2016 年第 S2 期。

$$\hat{x}^{(1)}(k)=\left\{\frac{b}{a}+\left[x^{(1)}(1)^{(1-\alpha)}-\frac{b}{a}\right]e^{a(\alpha-1)(k-1)}\right\}^{\frac{1}{\alpha-1}} \tag{8-7}$$

由 $\hat{x}^{(0)}(k)=\hat{x}^{(1)}(k)-\hat{x}^{(1)}(k-1)$（$k=2, 3, \cdots, N$）得到原序列的模拟值，由 $\hat{x}^{(0)}(k)=\hat{x}^{(1)}(k)-\hat{x}^{(1)}(k-1)$（$k=N+1, \cdots, N+q$）得到原序列的 q 步预测值。

以 2009—2019 年玉树藏族自治州和果洛藏族自治州部分经济统计数据为序列，根据灰色 GM（1，1）模型，得到 2025 年相应的预测值（见表 8-2）。

表 8-2　玉树藏族自治州和果洛藏族自治州经济指标值　单位：万元

年份	农业收入		林业收入		牧业收入		第二产业增加值		农林牧渔专业及辅助性活动		旅游收入	
	玉树	果洛	玉树	果洛	玉树	果洛	玉树	果洛	玉树	果洛	玉树	果洛
2009	30177	2646	2019	164	123893	36110	38764	43569	2182	1232	6499	3400
2010	42413	3058	1259	182	133566	39459	72836	85193	2521	1314	5019	6056
2011	44897	4618	5370	208	154084	42414	121812	121812	2772	1407	7666	14877
2012	48774	3073	5696	182	172902	47578	157595	150297	3363	1493	8434	9676
2013	56152	3805	5860	193	190822	50905	196489	149737	3626	1591	9629	12215
2014	40888	4237	8493	209	207868	54496	203000	153209	3751	1774	16000	16900
2015	34905	3237	6699	222	211256	58515	233100	136851	4340	1899	25300	22015
2016	43384	1867	8450	237	205756	58304	225500	127732	4410	2077	42800	31047
2017	58262	2175	9711	255	206162	61824	227100	122813	4365	2219	57500	40200
2018	67335	7749	8485	268	225842	63836	75600	142913	4438	2331	73000	23475
2019	76285	9487	4840	564	258659	71408	54200	160529	4616	2506	93845	28144

玉树州和果洛州六项经济指标 11 年间总体呈波动上升趋势，各指标在 2025 年较 2019 年均进一步增加，表明各行业收入持续增加（见表 8-3）。

表 8-3　玉树藏族自治州和果洛藏族自治州经济指标预测值

经济指标	玉树藏族自治州		果洛藏族自治州	
	响应方程	2025 年预测值（万元）	响应方程	2025 年预测值（万元）
农业收入	$\widehat{x}^{(1)}(k)=608368.74e^{0.060979(k-1)}-578191.74$	95475.70	$\widehat{x}^{(1)}(k)=616313.08e^{0.125371(k-1)}-13667.10$	14287.60
林业收入	$\widehat{x}^{(1)}(k)=78108.96e^{0.060884(k-1)}-76089.96$	12221.10	$\widehat{x}^{(1)}(k)=947.26e^{0.126706(k-1)}-783.26$	856.02
牧业收入	$\widehat{x}^{(1)}(k)=2642632.56e^{0.055658(k-1)}-2518739.60$	348562.00	$\widehat{x}^{(1)}(k)=690423.2e^{0.058498(k-1)}-654313.00$	100023.70
第二产业增加值	$\widehat{x}^{(1)}(k)=-21305931e^{-0.000738(k-1)}+213098115$	155513.00	$\widehat{x}^{(1)}(k)=4566572e^{0.025924(k-1)}-4523003$	176930.20
农林牧渔专业及辅助性活动	$\widehat{x}^{(1)}(k)=48609.75e^{0.058069(k-1)}-46427.75$	6944.21	$\widehat{x}^{(1)}(k)=17221.13e^{0.073254(k-1)}-15989.10$	3927.37
旅游收入	$\widehat{x}^{(1)}(k)=16683.48e^{0.320797(k-1)}-10184.73$	775972.00	$\widehat{x}^{(1)}(k)=83528.7e^{0.125931(k-1)}-80128.70$	74125.83

第二节 土地利用空间优化结果

在三种不同发展情景下，根据前文设定的经济效益与生态效益权重，分别得到三种发展情景下的目标函数。通过 Lingo18 软件，在土地总量约束、规划目标约束、功能分区约束和开发强度约束及城乡用地比例约束的条件下，求取自然演变、经济优先和生态优先三种情景下的土地利用优化结构（见表 8-4）。

表 8-4 2025 年不同情景下三江源国家公园土地利用结构优化及目标

单位：万元

变量名称	2020 年实际值	自然演变情景	经济优先情景	生态优先情景
草地（平方千米）	75731. 79	78609. 60	75731. 79	90048. 50
森林（平方千米）	246. 39	249. 35	246. 94	250. 83
城镇建设用地（平方千米）	5. 44	5. 44	5. 51	5. 40
农村居民点（平方千米）	3. 16	2. 78	2. 59	1. 80
水域（平方千米）	5000. 34	6085. 23	5000. 34	6627. 67
沼泽湿地（平方千米）	2688. 23	2818. 70	2688. 23	2884. 05
雪山冰川（平方千米）	891. 74	891. 74	891. 74	891. 74
其他未利用地（平方千米）	38574. 30	34478. 55	38574. 26	22431. 41
土地总面积（平方千米）	123141. 40	123141. 40	123141. 40	123141. 40
经济效益（万元）	1321. 52	1491. 37	1850. 77	964. 48
生态效益（万元）	221001640. 13	230884580. 70	132603201. 00	351592108. 93
总体效益（万元）	221002961. 64	230886072. 07	132605051. 76	351593073. 41

注：2020 年数据来源于《三江源国家公园总体规划》，三种情景数据来源于笔者通过 Lingo18 计算得出。

一 约束条件设定

（一）功能分区约束

根据《三江源国家公园总体规划》中的功能分区，一级功能分区将整个国家公园园区划分为核心保育区、生态保育修复区、传统利用区，面积分别为 90570. 25 平方千米、5923. 99 平方千米、26647. 16 平方千米。核心保育区、生态保育修复区的面积不能低于规划值，传统利用区不能高于规划值。每一个功能区分为核心区、缓冲区、实验区和非自然保护区，核心区、缓冲区和实验区的面积不能低于规划值，非自然保护区不能高于规划值。

（二）生态保护用地约束

草地、林地、城镇建设用地、农村居民点、水域、沼泽湿地、雪山冰川、其他未利用地八大类土地中，草地、林地、水域、沼泽湿地、雪山冰川五类生态保护用地均不能低于规划值（见表 8-5）。

表 8-5　　三江源国家公园土地利用结构优化约束条件

约束条件	约束因素	约束表达式	约束条件属性
土地总量约束	土地面积	x1+x2+…+x8＝总面积	土地总面积不变
规划目标约束	草地	x1≥2020 年实际值	约束性指标
	林地	x2≥2020 年实际值	约束性指标
	城镇建设用地	x3>2020 年实际值	约束性指标
	农村居民点	x4≤2020 年实际值	约束性指标
	水域	x5≥2020 年实际值	约束性指标
	沼泽湿地	x6≥2020 年实际值	约束性指标
	雪山冰川	x7＝2020 年实际值	恒定指标
	其他未利用地	x8<2020 年实际值	约束性指标
功能分区约束	核心保育区	S1≥90570. 25 平方千米	约束性指标
	生态保育修复区	S2≥5923. 99 平方千米	约束性指标
开发强度约束	土地开发强度	（城镇建设用地+农村居民点）/土地总面积≤0. 2	环境最宜居
城乡用地比例约束	城乡用地比例	1. 5≤R≤3	弹性指标

注：开发强度约束系数参考国际宜居标准中的土地开发强度比例；城乡用地比例约束根据当地土地利用变化趋势，结合实际设定。①

二　计算结果

（一）自然演变情景

在自然演变情景下，2025 年三江源国家公园可产生经济效益

① 曹帅等：《耦合 MOP 与 GeoSOS-FLUS 模型的县级土地利用结构与布局复合优化》，《自然资源学报》2019 年第 6 期。

1491.37 万元，生态效益 230884580.70 万元，同 2020 年实际值相比，经济效益提高了 12.85%，生态效益提高了 4.47%，总体效益提高了 4.47%。从土地利用结构来看，水域面积增加了 21.70%，草地面积增加了 3.80%，而其他未利用地面积下降了 10.62%，体现了青海省“生态优先”发展战略的发展惯性，农村居民点面积降低了 1.28%，显示了城镇化快速发展背景下，农村人口向城镇化转移的发展趋势。

（二）经济优先情景

在经济优先情景下，2025 年三江源国家公园可产生经济效益 1850.77 万元，生态效益 132603201.00 万元，同 2020 年实际值相比，经济效益提高了 40.05%，生态效益降低了 39.99%，总体效益降低了 39.99%。从土地利用结构来看，城镇建设用地面积增加了 1.29%，草地、水域等面积未发生变动，体现了青海省在经济优先情景下，生态保护水平不变，而城镇化加快发展的特点。同时，农村居民点面积降低了 18.04%，与自然演变情景不同，农村人口向城镇化速度明显加快。

（三）生态优先情景

在生态优先情景下，2025 年三江源国家公园可产生经济效益 964.48 万元，生态效益 351592108.93 万元，同 2020 年实际值相比，经济效益降低了 27.02%，生态效益提高了 59.09%，总体效益提高了 59.09%。从土地利用结构来看，水域面积增加了 32.54%，草地面积增加了 18.90%，沼泽湿地增加了 7.28%，其他未利用地面积下降了 41.85%，体现了青海省生态保护和生态治理的积极成果。同时，城镇建设用地面积下降了 0.74%，农村居民点面积降低了 43.04%，显示了生态优先战略下，城镇化向高质量转型，农村用地更加集约化趋势（见图 8-1）。

从以上分析比较可以看出，①从绝对量而言，三江源国家公园的生态效益远高于经济效益。在自然演变情景、经济优先情景和生态优先情景下，生态效益分别是经济效益的 15.48 倍、7.16 倍和 36.45 倍。②从变化幅度来看，自然演变情景下，生态效益与经济效益都是正向增长，总体效益也是正向增长；经济优先情景下，经济效益增幅为正，但生态价值和总体效益增幅均为负；生态优先情景下，经济效益增幅为负，但生态价值和总体效益增幅均为正。③三种情景比较，生态优先情景下的总体效益更大。生态优先情景下的综合效益分别是自然演变情景和经济优先情景的 1.52 倍和 2.65 倍。因此，三江源国家公园应选择生态优先模式。

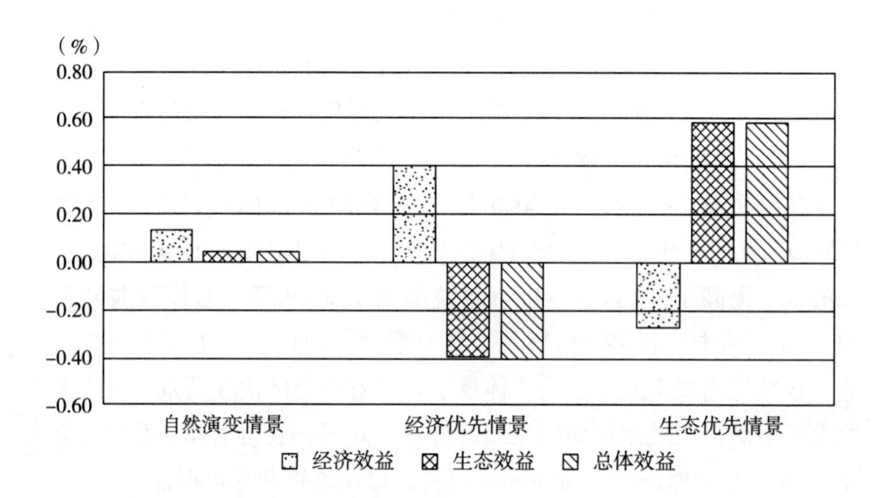

图 8-1　三种情景下三江源国家公园经济效益和生态效益增长幅度比较示意

第三节　土地空间布局优化结果

一　指标设定

以 2015 年为基准年，利用 Geo SOS-FLUS 模型，在自然演变情景下对三江源国家公园 2020 年土地利用布局进行模拟。采用随机采样的方式，将采样率设置为 10%，计算得到 Kappa 指数。Kappa 值通常取值范围为［0，1］，其越接近 1，表明模拟精度越高。Kappa≥0.75 时，表明模拟结果一致性较高，模拟效果较好；0.4≤Kappa<0.75 时，一致性一般，模拟效果一般；Kappa<0.4 时，一致性差，模拟效果较差。[①]经与实际情况对比，Kappa 指数为 0.9653，整体精度为 0.9805，模型满足要求。在此基础上，以 2020 年土地利用现状图为基础，在控制高程、坡度、坡向、降水等自然因素，国道、省道、县道和乡道距离，县

① 程雨薇：《基于改进 FLUS 模型的杭州市土地利用格局模拟》，硕士学位论文，浙江大学，2019 年。

城、乡镇驻点距离，水体距离等交通因素，以及夜间灯光、人口密度等社会经济因素等条件下，通过运用 Geo SOS-FLUS 模型中的神经网络计算，得到各种类型土地出现的概率。

自然因素，包括高程、坡度、坡向、降水等条件。交通因素包括与国道、省道、县道和乡道距离，与县城、乡镇驻点距离，以及与水体距离等。社会经济因素包括夜间灯光、人口密度。

结合三江源生态功能分区，将核心保育区、生态保育修复区及生态廊道作为限制转化条件，根据土地利用变化趋势，确定土地类转化系数及转换矩阵，形成不同地类扩张依据（见表 8-6、表 8-7）。

表 8-6　三江源国家公园土地利用布局优化转化系数

土地利用类型	草地	林地	城镇建设用地	农村居民点	水域	沼泽湿地	雪山冰川	其他未利用地
领域因子	0.80	0.60	0.95	0.85	0.40	0.40	0	1

注：笔者根据已有研究成果结合三江源国家公园实际确定。

表 8-7　三江源国家公园土地利用布局优化转化矩阵

	草地	林地	城镇建设用地	农村居民点	水域	沼泽湿地	雪山冰川	其他未利用地
草地	1	1	1	1	1	1	0	1
林地	0	1	1	1	0	0	0	1
城镇建设用地	0	0	1	1	0	0	0	1
农村居民点	0	0	1	1	0	0	0	1
水域	0	0	0	0	1	1	0	0
沼泽湿地	0	0	0	0	1	1	0	0
雪山冰川	0	0	0	0	0	0	1	0
其他未利用地	1	1	1	1	1	1	0	1

领域因子范围为［0，1］，值越小表示土地的扩张能力逐渐变弱，越不容易转化为其他地类，越接近 1 代表该土地类型的扩张能力越强。

当一种土地类型可以向另一种土地类型转化时，将相应的矩阵值设为 1；不允许向其他类型土地转化时设为 0。①

① 朱晓萌：《基于 CLUE-S 模型的哈尔滨市生态用地格局时空演变与情景模拟研究》，硕士学位论文，东北师范大学，2019 年。

在此基础上，对2025年三江源国家公园三种发展情景下的土地利用布局进行优化。然后，运用Fragstats 4.2软件，选取平均分维数（FRAC_ MN）、景观分离度（DIVISION）、Simpson指数（SIDI）和聚合度指数（AI）四个指数，评价三种情景下三江源国家公园景观破碎度，并进行比较（见表8-8）。

表8-8　三种情景的景观破碎状况比较

情景类别	平均分维数（FRAC_ MN）	景观分离度（DIVISION）	Simpson指数（SIDI）	聚合度指数（AI）
自然演变情景	1.0374	0.7488	0.5182	95.9306
经济优先情景	1.0207	0.7530	0.5273	97.5774
生态优先情景	1.0345	0.6733	0.4374	97.6156

注：数据来源为笔者根据Fragstats4.2软件运行结果整理。

平均分维数表示不规则几何形状的非整数维数，其理论范围为（1，2），值越大，表明斑块形状越复杂。景观分离度是指某一景观类型中不同斑块数个体分布的分离度，其理论范围为（0，1]，值越大，表明分离度越高。Simpson多样性是评价景观多样性的指数，其理论范围为（0，1]，值越大，景观结构复杂。聚合度指数说明每种景观类型斑块间的连通性，其取值范围为（0，100]，值越小，景观越离散。

二　计算结果

（一）自然演变情景

在自然演变情景下，2025年三江源国家公园水域面积增加了21.70%，草地面积增加了3.80%，农村居民点和其他未利用地面积分别下降了1.28%和10.62%，转换为水域、湿地、草地和林地，增长幅度分别为21.70%、4.85%、3.80%、1.20%。采用Fragstats 4.2软件对三江源国家公园景观指数进行计算，结果显示：平均分维数为1.0374、景观分离度为0.7488、Simpson指数为0.5182、聚合度指数为95.9306。三江源国家公园整体破碎化程度较低，不同景观类型的空间聚合度较强。

（二）经济优先情景

在经济优先情景下，2025年三江源国家公园城镇建设用地和林地面积分别增加了 1.29%和 0.22%，农村居民点面积下降了 18.04%，草地、水域等面积未发生变动。该情景下三江源国家公园景观指数计算结果是：平均分维数为 1.0207、景观分离度为 0.7530、Simpson 指数为 0.5273、聚合度指数为 97.5774。三江源国家公园整体破碎化程度有所提高，不同景观类型在空间上的聚合程度有所下降。

（三）生态优先情景

在生态优先情景下，2025 年三江源国家公园的水域、草地、沼泽湿地面积分别增加了 32.54%、18.90%和 7.28%，其他未利用地、农村居民点和城镇建设用地面积分别下降了 41.85%、43.04%和 0.74%。该情景下三江源国家公园景观指数计算结果是：平均分维数为 1.0345、景观分离度为 0.6733、Simpson 指数为 0.4374、聚合度指数为 97.6156。三江源国家公园整体破碎化程度降低，不同景观类型的空间聚合度明显提升。

从平均分维度看，三江源国家公园的地块规则性较好；但在经济优先情景下平均分维度最小，自然演变情景下平均分维度最大，表明在自然演变情景下，由于考虑了生态保护和经济发展两个因素，地块的不规则性最高。从景观分离度看，三江源国家公园的景观分离度整体不高，但在经济优先情景下景观分离度最高，而在生态优先情景下景观分离度最低，表明经济开发对三江源国家公园整体景观分离度影响较大；从 Simpson 指数看，但在经济优先情景下 Simpson 指数最高，而在生态优先情景下 Simpson 指数最低，表明三江源国家公园的经济开发导致景观复杂化和多样化。从聚合度指数来看，三江源国家公园中每种景观类型斑块间的连通性都很强，但在生态优先情景下聚合度最高，而在自然演变情景下聚合度指数最低，表明生态保护更有利于加强三江源国家公园景观斑块的连通。

第四节 本章小结

本章通过设定自然演变、经济优先和生态优先三种发展情景，利用多目标规划模型对三江源国家公园土地利用结构和空间布局进行优化，为三江源国家公园生态保护与牧民增收空间冲突协调提供决策依据。

第九章

三江源国家公园人地共生协调机制构建

要解决好三江源国家公园生态保护与牧民增收空间冲突，建立人地共生协调机制是必然选择。应从三江源国家公园生态保护实际和当地牧民增收发展现状出发，根据其影响因素和作用机理，探索一条国家公园生态保护和牧民增收协调推进的有效路径。

第一节　构建三江源国家公园人地共生协调机制的重大意义

一　构建人地共生协调机制是三江源国家公园深化体制改革的重要任务

三江源国家公园建设管理是一个以生态保护为核心目标的系统工程，如何在国家公园建设管理中实现生态保护与牧民增收协调发展，坚决守住不发生规模性返贫底线，助推实现共同富裕，是当前藏区经济社会发展亟须回答的理论问题，也是三江源国家公园建设管理需要解决的现实难题。三江源国家公园自 2016 年开展管理体制试点以来，取得了一系列的重大改革成果。但如何构建良好的人地复合生态系统，实现生态保护和牧民增收协调发展的双重目标，避免国际上其他国家公园管理中曾经出现过的人地关系失衡、空间激烈冲突的悲剧，仍然是三江源国家公园深化改革的重要内容。因此，构建人地共生协调机制，实现人与自然和谐共生，仍然是事关三江源国家公园发展全

局的大事。

二 构建人地共生协调机制是三江源国家公园推进乡村振兴的必然要求

三江源国家公园内的牧区是以“生态保护第一”为基本前提、对资源依赖性较大、以藏族牧民为主体的特殊农村类型。牧民增收能力的提升是牧民永久摆脱贫困，守住不发生规模性返贫底线，推动乡村振兴的重要保障和关键因素；良好的生态环境是三江源国家公园牧区乡村振兴的实施前提和基本要求。在保护生态的基本前提下，大力提升牧民增收能力，进而推进生态保护与牧民增收协调发展，构建人地共生协调机制，是三江源国家公园牧区乡村振兴的现实路径。因此，构建人地共生协调机制，实现生态保护与牧民增收相互促进、共同提升，是三江源国家公园牧区乡村振兴的必然要求。

三 构建人地共生协调机制是三江源国家公园牧民实现现代化的现实选择

2020 年青海省取得了全面建成小康社会和绝对贫困人口全部脱贫“摘帽”的历史性成就，42 个县（市、区、行委），1622 个贫困村，53.9 万贫困人口已如期全部“清零”,[①] 600 万牧民开启了社会主义现代化新征程。但在全面建设社会主义现代化征程中，牧民返贫风险仍然存在、牧民增收能力不足的问题依然比较突出，坚决守住不发生规模性返贫底线、实现共同富裕的任务依然艰巨。良好的生态环境，强大的牧民增收能力，运行良好的人地共生机制，既是青藏高原建设社会主义现代化的重要内容，也是牧民实现社会主义现代化的重要保障。因此，构建人地共生协调机制，实现生态保护与牧民增收协调发展，是牧民推进社会主义现代化、实现高原各族人民美好生活向往的现实选择。

① 洪玉杰:《书写脱贫攻坚的“青海实践”》,《青海日报》2021 年 1 月 24 日第 1 版。

第二节　三江源国家公园人地共生协调机制的基本框架

一　构建三江源国家公园人地共生协调机制的基本原则

（一）坚持以人为本原则

以三江源国家公园牧民的发展利益为出发点，尊重牧民意愿，维护牧民切身利益，充分调动牧民生态保护和发展增收的内生动力，从增加收入、改善环境、提升素质、优化服务等多个方面着手，不断增强牧民的获得感和幸福感。

（二）坚持生态保护第一原则

国家公园的首要原则和基本理念是生态保护第一，主要目标是加强自然生态系统原真性、完整性保护，形成自然生态系统保护的新体制新模式，持续巩固提升以国家公园为主体的自然地保护体系，打造青藏高原生态文明建设高地。

（三）坚持人地共生共赢原则

兼顾生态保护和牧民增收，在保护好自然资源的前提下，适度有限地利用国家公园资源，实现人与自然和谐共生，人与地共生共赢，使牧民从生态保护中获益，从国家公园建设中增收，形成国家公园生态保护和牧民增收双赢管理方式。

（四）坚持从实际出发原则

从三江源国家公园资源特点、管理方式、生计模式等实际出发，积极探索生态管护岗位、特许经营项目、多元生态补偿、社区合作保护、社会共治共享等路径，争取生态保护与牧民增收双重效果，有效提升国家公园生态治理现代化水平。

（五）坚持多方统筹协调原则

由三江源国家公园管理局主导，属地政府配合，调动社会各方参与的积极性，全面提升统筹发展能力和水平，注重发挥企业和社会组织、公益人士等第三方力量，形成政府、社会、民间多方共同推进的人地共生协调发展格局。

二 构建三江源国家公园人地共生协调机制的总体框架

以生态保护与牧民增收耦合度为基础，构建人地共生协调发展水平定期监测评估体系，分析影响二者协调发展的主要因素，在此基础上统筹生态保护与牧民增收的经济、社会、文化等资源，形成“协调水平定期监测—影响因素精准识别—现实路径积极探讨—配套政策及时出台”的动态机制，推动其协调发展。

（一）人地共生共赢是总体要求

兼顾生态严格保护和牧民增收致富，协调资源严格保护与资源合理利用，平衡短期与长期、局部与全局关系，以生态保护为前提，可持续增收致富为根本，使人在生态保护中得到全面发展，生态在人的全面发展中得到更好保护，并形成人地共生的制度体系、行为规范、文化传统。这是人地共生协调机制的总体要求。

（二）人地关系定期监测是基础

在合理构建评价指标体系的基础上，定期组织对生态保护与牧民增收耦合度和耦合协调度进行全面评估和监测，形成三江源国家公园人地共生协调发展水平测量报告，全面掌握三江源国家公园人地共生冲突状况，形成构建人地共生协调机制的基本依据。

（三）影响因素精准识别是关键

在对三江源国家公园人地共生冲突现状定期监测的基础上，通过社会调查、数理分析、仿真模拟等方式，从公共管理、个人行为、利益博弈等视角，围绕经济发展与生态保护的冲突与协调，精准识别人地共生的主要影响因素和作用力大小，揭示其内在作用机理，为构建人地共生协调机制奠定基础。

（四）现实路径积极探讨是抓手

从三江源国家公园生态资源禀赋出发，以供给侧改革为主线，结合牧民生产生活方式特点，着眼产业结构调整，推动绿色低碳发展转型，有效降低牧民生计生态资源依赖程度，积极寻求生态保护与牧民增收提升的最大公约数，探讨人地共生共赢、相互促进现实路径，为构建人地共生协调机制开辟现实道路。

（五）配套政策及时出台是保障

在积极探索人地共生协调发展现实路径的基础上，根据三江源国家公园管理局、属地县政府及当地牧民的利益诉求，对影响人地共生协调的显著因素进行必要的政策干预，适时出台相关政策，注入强劲发展动力，巩固已有协调成果，引导培育长效机制，为构建人地共生协调机制提供有力制度保障。

三　构建三江源国家公园人地共生协调机制的主要内容

（一）确定基本衡量标准

从生态保护与牧民增收两个方面，构建合理的评价体系，从发展状况和协调状况两个方面进行衡量。一方面，考察生态保护与牧民增收的发展业绩，看二者相关指标的纵向变化，度量其发展业绩；另一方面，考察生态保护与牧民增收的协调水平，看二者相互冲突协调水平的变化，度量其协调状况。

（二）建立定期评估机制

对三江源国家公园生态保护与牧民增收的发展水平及二者耦合度和耦合协调度进行定期评估测算，评价二者发展状况，并对其发展趋势进行分析研判，为三江源国家公园人地共生协调机制运行提供基本依据。定期评估的时限以每2—3年进行一次为宜。

（三）建立预警预报机制

根据三江源国家公园生态保护与牧民增收协调水平定期评估测算的结果，按照重警区、中警区、轻警区、无警区四个类别，对三江源国家公园内53个村进行划分归类。对处于重警区的区域，及所在县、乡镇政府进行预警预报，并采取有效措施进行监管督办。

（四）建立定期调节机制

对三江源国家公园生态保护与牧民增收协调推进发展规划和实施情况进行定期评估和适当调整。对处于重警区间的区域制订优化方案，加强重点监督，定期督促整改；并对相关政策实施成效进行定期评估和调整，不断完善有效的政策支持体系和治理保护措施。

（五）建立多方协调机制

建立三江源国家公园管理局统筹协调、属地政府参与实施、有关部门分工负责、社会组织、企业、牧民积极参与的人地共生协调机制，形成生态保护与牧民增收协调推进的工作合力和工作机制，从自然、经济、社会、文化、生态等多方面开展协调工作。

第三节　三江源国家公园人地共生协调机制的具体措施

一　三江源国家公园加强生态保护的对策建议

习近平总书记强调："（三江源国家公园）这是我国第一个国家公园体制试点，也是一种全新体制的探索。要用积极的行动和作为，探索生态文明建设的好经验，谱写美丽中国青海新篇章。①""要搞好中国三江源国家公园体制试点，统筹推进生态工程、节能减排、环境整治、美丽城乡建设，筑牢国家生态安全屏障。②"生态文明建设是一项复杂的系统工程，一项长期的战略任务，必须通过建立完整配套的制度体系，把三江源国家公园打造成为"习近平生态文明思想实践新高地及生态安全屏障、绿色发展、国家公园示范省、人与自然生命共同体、生态文明制度创新、山水林田湖草沙冰保护和系统治理、生物多样性保护新高地③"的新窗口。

（一）结合实际，有序落实生态文明八项基础制度

以习近平生态文明思想为指导，紧密结合三江源生态保护实际，充分发挥青海省区位优势、三江源生态以及民族人文等比较优势，积极推进生态保护制度创新，统筹保护与发展的关系，有重点、有步骤落实生态文明八项基础制度，加强关键制度创新、争取关键领域突破，逐步形成并不断完善国家公园体制建设的"三江源模式"，用制度创新和管理创新为生态保护提供坚实保障。要实行最严格的生态环境保护制度，建立健全生态产品价值实现机制，拓宽绿色资源价值转化渠道，探讨政府主导、企业和社会各界参与、市场化运作、可持续的生态产品价值实现路径，提升生态环境保护能力，推动重点领域改革创新，探索流域内横向生态补偿新机制和多样化补偿新模式，增强科技创新支撑能力，妥善

① 《以时代为己任以责任为担当奋力谱写美丽中国青海新篇章》，青海省国际互联网新闻中心，https://baijiahao.baidu.com/s?id=1675412254371053433&wfr=spider&for=pc.

② 《国家公园：谱写美丽中国青海新篇章》，搜狐网，https://www.sohu.com/a/118684360_115496.

③ 《中共青海省委印发〈关于加快把青藏高原打造成为全国乃至国际生态文明高地的行动方案〉》，《青海日报》2021年8月30日第1版。

应对新型城镇过程中的生态胁迫、环境污染、碳排放量增加等挑战，解决生态治理能力不足问题，形成符合实际、高效运行的生态安全治理体系。

（二）整合资源，形成生态保护强大监督管理合力

坚持山水林田湖草冰沙是一个生命共同体的基本理念，以理顺自然资源产权管理体制为基础，通过统一规划、统一管理、统一执法，对三江源生态和自然资源资产实行一体化、集中高效统一的管理和更加严格规范的保护。推进“多规合一”，实现“一张蓝图绘到底”，整合四县森林公安、国土执法、草原监理、渔政执法等执法机构，全面开展内外资源环境综合执法工作。实施中华水塔保护行动纲要，加强源头保护和流域综合治理，强化江河正源保护，加大雪山冰川、江源河流、湖泊湿地、草原草甸、荒漠植被和森林灌丛生态系统保护力度，因地制宜开展生态补水，修复水生生物栖息地，巩固提高水源涵养能力。健全五级江河源守护人制度、协同保护“中华水塔”机制和重大环境突发事件联动处置机制，建立保护“中华水塔”联保联治协作机制。推动建立长江、黄河、澜沧江流域省份协同保护“中华水塔”共建共享机制。

（三）多元共治，构建人与自然和谐共生的命运共同体

坚持“绿水青山就是金山银山”的发展理念，以多元共治模式推动全社会共同参与生态保护。一方面，通过设置生态管护公益岗位、引导牧民参与特许经营、保护生态传承民族传统文化等，推进牧民转产增收，并参与公园共建，带动社区发展。另一方面，鼓励企业、非政府组织和个人参与和开展生态保护、社区共建、特许经营、授权管理、宣传教育、科学研究，不断完善社会参与生态保护机制。完整准确全面贯彻新发展理念，科学有序推进碳达峰碳中和，落实国务院“2030 年碳达峰十大行动”，持续提升碳脱钩水平，推动美丽宜居家园建设和“洁净青海”创建，健全碳排放总量和强度“双控”制度，降低能源消耗总量，探索产品“碳标签”认证制度，实现“无废城市”建设全覆盖，有效推动高原美丽城镇示范省建设。

（四）注重奖惩，完善生态保护绩效考核和责任追究制度

严格执行《青海省生态文明建设目标评价考核办法（试行）》《三江源国家公园考核办法》，将绩效考核和责任追究制度全覆盖，增加生

态修复、环境保护、绿色发展等在考评中的权重，根据不同功能分区，实行差别化考核。实施生态文明建设奖励工程，每年从生态环境保护、能源资源节约、森林草原碳汇、产业绿色发展等领域预先设定一批科研及工程类项目。探索实行项目“揭榜制”“挂帅制”，面向社会公开招募实施主体，科学评估项目实施质量和效益，对项目实施主体给予奖励。强化生态保护工作业绩，把考核结果作为党政领导班子和领导干部综合评价、干部选拔、兑现奖惩和责任追究的重要依据。对生态文明建设工作成绩突出的地区和领导干部，给予适当奖励和晋升鼓励。对考核不合格的责令限期整改，并给予相应组织处理和纪律处分。

二 三江源国家公园提升牧民增收能力的对策建议

“任何减贫战略的核心内容都是拓宽穷人的能力”。[①] 因此，必须建立以提高牧民增收能力、坚决守住规模性返贫底线、有效推动共同富裕的长效机制，以牧民增收能力建设为基础，走出一条符合三江源国家公园实际的“发展式脱贫”“绿色式致富”共同富裕道路。

（一）建立多主体协调治理机制，形成牧民可持续增收建设合力

牧民增收事关牧民长远福祉和青海经济社会发展大局，必须统筹多方主体，集中力量有序推进。要严格落实“四个不摘”要求，巩固“两不愁三保障”成果，健全防止返贫动态监测和帮扶机制，建立易返贫致贫人口快速发现和响应机制。在牧民可持续增收能力建设中政府部门是组织者、牧民是建设者、企业是参与者、社会组织是服务者。因此，应建立各主体积极参与的牧民增收协调机制，形成推动青海牧民增收能力建设的强大合力。政府部门要围绕产业转型升级，出台支持牧民可持续增收的政策；牧民要围绕拓宽家庭增收渠道，有序提升可持续增收能力；企业要以吸纳当地牧民就业为重点，在稳就业稳经济中发挥作用；社会组织要突出牧民增收能力提升核心，全面提供高质量的社会服务。通过多方协调、多主体联动，形成牧民可持续增收的长效机制。

（二）建立多层次健康保障机制，全面提升牧民整体健康水平

健康保障是牧民增收的基础工程和民生工程。要把提高牧民健康水

---

① 《2000/2001 年世界发展报告》编写组：《2000/2001 年世界发展报告》，中国财政经济出版社 2001 年版，第 46 页。

平放在首位，在广覆盖的基础上，全面提升疾病救治、公共卫生、医疗保障服务水平，增强重大疾病“兜底”保障能力，彻底消除“因病致贫”。健全基本医疗保险筹资和待遇调整机制，完善医保目录动态调整机制，完善异地就医直接结算。健全重大疾病医疗保险和救助制度，建立重大疫情医疗救治费用保障机制。提升县级医院临床能力，加强社区医院、乡镇卫生院和村卫生室服务能力建设。同时全面改善牧民生产生活环境，高质量完成“厕所革命”，提高安全饮水质量，提升农村固体垃圾、生活污水无害化处理水平，推进农村“四边”绿化，打造“河湟民宿”“绿洲庄园”“环湖牧居”等特色民居和乡村建筑，健全农牧区人居环境长效管护机制，有效提升牧民健康水平。

（三）建立多渠道就业增收机制，稳定提高牧民收入水平

深入推动农牧区第一、第二、第三产业融合发展，发展特色种养、手工艺和绿色建筑建材等乡土产业，做优乡村旅游业，发展乡村旅游产业联盟，培育花海旅游、蔬果采摘、草原观光等乡村旅游产品，发展多种形式的农家乐、游牧行、田园综合体等新兴业态，形成立体式、全覆盖的特色产业体系和高原特色农牧业产业品牌，增强牧民产业增收能力。支持民营经济和小微企业增强吸纳就业的能力，拓宽以工代训范围，鼓励多渠道多形式灵活就业，加大农村劳动力转移力度，通过劳务输出就业、创业带动就业、生态专岗就业、居家灵活就业等多种方式，拓宽就业增收渠道。开展职业技能提升行动，组织城乡未继续升学的初高中毕业生、20 岁以下有意愿的登记失业人员参加劳动预备制培训。加强农业科技和外出务工技能培训，提升劳动者科技素质和就业能力，提升牧民就业收入水平。

（四）建立多要素收入分配机制，增强牧民资产收益能力

建立健全牧民多要素参与收入分配机制，形成工资性收入、经营性收入、财产性收入、转移性收入等组成的收入体系。发展花卉苗木、森林旅游、乡村花海、林下经济等富民产业，推广光伏菜、光伏羊等产业富民新模式，增加农牧民经营性收入。加快推进牧民承包林草地和宅基地“三权分置”改革，充分发挥土地的财产性收入功能，通过股份合作等多种形式，挖掘牧民土地承包权的资产收益潜力，增强牧民的资产收益及积累能力，多渠道增加牧民财产性收入。健全工资合理增长机

制，探索建立普惠性农民补贴长效机制，全面治理拖欠农民工工资问题，提高牧民工资收入水平。完善再分配调节机制，发挥第三次分配作用，推进发展型社会救助，不断提高牧民转移性收入水平，缩小城乡居民收入差距。

（五）建立多维度激励培养机制，提高牧民发展竞争能力

大力推进新型职业农牧民培育工程，培养牧民市场意识，培育合格的市场竞争主体，提升牧民市场风险应对能力。通过专业合作社、股份合作制、经济联合体等经济组织，推动牧民与市场连接，用市场化组织激励培养牧民市场竞争能力。搭建农牧民、经销商、消费者三位一体的农畜牧产品信息沟通平台，培养一批农牧业职业经理人，增强和优化农牧区中介组织服务职能，形成“政府—农牧民组织—农牧户”三位一体的协作链，在农牧区市场经济的实践中锤炼牧民市场信息整合能力和组织经营能力。加强专业技能培养，全面提升牧民综合素质，培养一批乡村工匠、田秀才、土专家等乡土人才，引导大学生、返乡农民工和农村青年等参与农村科技创新，增强应对风险能力和家庭反贫韧性，阻断贫困的代际传递。

三 三江源国家公园人地共生协调推进的对策建议

生态文明建设的重要目标是使生态系统朝着种群多样化、组织水平更高、生产力水平更高的方向发展。① 三江源国家公园生态保护和牧民增收尽管存在空间冲突，但并非不可协调。实现二者的协调发展需要在产业结构转型、生态价值转化和发展动能转变上下功夫。

（一）大力推动产业结构转型

以“五个示范省”建设和“四种经济形态”为抓手，加快建立健全以产业生态化和生态产业化为主体的生态经济体系，大力推进生态经济、循环经济、数字经济发展，实现三江源国家公园区域经济结构的全面转型升级。一是培育壮大生态经济。推动生态与农业、工业、文旅、康养等产业深度融合，做强做优生态旅游、生态畜牧、中藏医药、高原康养等产业，培育发展节能环保、清洁生产、清洁能源等产业，提升附加值与竞争力，拓宽生态产品价值实现路径。二是持续推进循环经济。

① 毛明芳：《协调推动技术进步与生态优化》，《中国环境报》2019年10月21日第3版。

坚持“种养结合、农牧互补、草畜联动、循环发展”，加快发展资源节约型、环境友好型和生态保育型循环农牧业。加快构建低消耗、低排放、高效率、高产出的循环产业集群，加快形成资源循环利用和生态环境保护相得益彰的经济结构和产业布局。三是着力发展数字经济。大力提升信息服务能力，积极推进5G网络和智慧广电建设，推广应用物联网、云计算、大数据、区块链、人工智能等新一代信息技术，谋划和推动产业链数字化改造。

（二）全面加强生态价值转化

一是完善生态补偿机制。优化以国家为主、规范长效的生态保护补偿制度，激发各类主体生态保护的内生动力。加强三江源国家公园生态资源价值评估、生态服务价值测算和对全国生态贡献的评价，为调整青海生态补偿标准提供决策依据。稳妥有序推进生态综合补偿试点工作，构建保障群众稳定收益的长效机制。二是拓宽生态资源市场化渠道。通过筹建三江源生态银行，以生态资产运营中心为载体，其前端通过收购、租赁、托管等多种方式对有关自然资源进行流转和收储；中端通过发展有机农牧、生态旅游、清洁能源、文化创意等产业实现生态资产转化；末端通过股权合作、特许经营、租赁出售、碳汇交易等实现生态资本变现，从而形成生态资源向生态资本的转化。三是加快发展绿色金融。引导金融机构推进绿色金融，普及绿色信贷、绿色保险、绿色证券、绿色基金、环境证券化及碳金融等绿色金融产品，发挥金融市场支持绿色融资的功能，以绿色金融体系引领绿色发展。积极发展碳交易市场，扩大碳汇交易市场规模。畅通绿色IPO融资渠道的方式，建立金融机构环境风险追责机制，为生态资源价值转化提供金融支撑。

（三）积极实施发展动能转变

一是加快科技创新培育经济发展新动能。建立符合生态文明建设领域科研活动特点的管理制度和运行机制。加大科技投入力度，加强重大科学技术问题研究，开展能源节约、资源循环利用、新能源开发、污染治理、生态修复等领域关键技术攻关。强化企业技术创新主体地位，提高综合集成创新能力。二是坚持绿色GDP考核形成发展转型新机制。绿色GDP以扣除自然资产损失后新创造的真实国民财富的总量为核算指标，衡量地区发展业绩，能更科学地反映地区的真实发展和进步。以绿色 GDP 为政绩考核标准，通过优化政绩考核方式，培育绿色发展政绩观，推动形成资源节约、环境友好的发展模式，从政策导向上鼓励全社会走可持续发展道路。三是筑牢生态底线累积牧民增收新优势。始终秉持“生态红线是国家生态安全的底线和生命线”的理念，以生态保护红线、环境质量底线、资源利用上线和产业准入负面清单制度为标尺，大力深化污染防治和生态建设，推动实现绿色发展，提高经济发展质量，通过厚植生态优势，提升高质量发展的成色，累积形成牧民增收新优势。

（四）完善共建共治共享社会治理机制

一是完善参与式社区管理模式。优化生态管护公益岗位设置、协议保护制度，探索集体土地入股、托管、协作共管等改革，拓宽当地牧民参与生态环境保护、社区服务等国家公园公共事务的渠道。二是打造国家公园品牌增值体系。优化特许经营模式，发展生态旅游，壮大特色畜牧业，做强藏族特色文化产业，形成以国家公园为基本依托的高原绿色产业发展链，丰富产业创新链，做大产业价值链，提升国家公园品牌价值，不断增加当地牧民收益。三是完善生态补偿机制。积极推进市场化、多元化补偿，坚持以国家纵向补偿为主，逐步完善政府有力主导、社会有序参与、市场有效调节的生态补偿体制机制，整体形成符合高原实际、可操作性较强、充分考虑当地牧民收益的山水林田湖草一体化综合性补偿方案。四是引导社会力量参与国家公园建设。搭建公众参与环境保护平台，引导山水自然保护中心、阿拉善 SEE、青海省三江源生态环境保护协会、自然基金会（WWF）等非政府环保组织、社会资本参与三江源国家公园建设与社区扶贫帮困，杜绝当地牧民众因生态保护而致贫、返贫现象。

第四节　本章小结

本章阐述了构建三江源国家公园生态保护与牧民增收协调机制的重要意义，阐释了生态保护与牧民增收协调机制的基本原则、总体框架和主要内容，并提出了构建三江源国家公园生态保护与牧民增收协调机制的具体措施，为解决三江源国家公园生态保护与牧民增收空间冲突提供了工作机制。

第十章

结论与展望

通过分析论证，对前文提出的假设进行验证，提出本书的基本结论。在此基础上，对存在的不足进行了梳理，提出了未来的研究方向。

第一节　假设检验

一　关于三江源国家公园生态保护与牧民增收空间冲突是否存在的假设检验

本书提出假设一：三江源国家公园生态保护与牧民增收存在一定程度的空间冲突。研究发现，三江源国家公园的生态保护综合评价值为0.7166，生态保护处于较高水平；而牧民增收能力综合评价值为0.4692，处于中等水平。二者发展水平存在较大差异。同时，二者耦合协调度为0.5027，属于勉强协调类型。二者空间冲突明显。由此，本书提出的理论假设一成立。

二　关于三江源国家公园生态保护与牧民增收空间冲突空间分异的假设检验

本书提出假设二：三江源国家公园生态保护与牧民增收空间冲突在地理空间上分异明显。研究发现，长江源园区、黄河源园区和澜沧江源园区生态保护与牧民增收耦合协调度均值分别为0.4300、0.4574和0.4053，Fisher检验值为7.309，P值为0.019，表明三个园区的空间冲突差异明显。由此，本书提出的理论假设二成立。

三 关于三江源国家公园生态保护与牧民增收空间冲突影响因素的假设检验

本书提出假设三：政府生态治理能力、资源依赖程度、人均可支配收入对三江源国家公园生态保护与牧民增收空间冲突有显著影响。研究发现，政府生态治理能力、资源依赖程度分别在10%和5%显著性水平下，对生态保护与牧民增收空间冲突有显著正向影响，人均可支配收入在1%的显著性水平下，对生态保护与牧民增收空间冲突有显著负向影响。由此，本书提出的理论假设三成立。

四 关于不同利益主体采取不同行为策略的假设检验

本书提出假设四：三江源国家公园管理局、属地县政府和当地牧民在生态保护和牧民增收上有不同的行为策略。研究发现，三方利益主体采取生态保护与牧民增收协调机制的收益最大，采取单一策略则收益最小；三方利益主体中属地县政府采取协调策略的意愿最高，当地牧民采取协调策略的意愿最低；协调策略成本与各利益主体采取协调策略的意愿呈反方向变动；抵触成本、协调策略收益、两两协作收益与各主体采取协调策略的意愿呈同方向变动。由此，本书提出的理论假设四成立。

第二节 研究结论

一 三江源国家公园生态保护成效明显，生态保护水平较高但不平衡

基于生态支撑力构建生态安全水平评价体系，对三江源国家公园设立前后的生态安全水平进行评价，发现三江源国家公园设立后，生态安全水平呈较快上升态势，综合指数由0.3394上升到0.5449。通过构建水土资源保护、生物多样性保护、绿色发展方式3个维度21项指标组成的生态保护评价体系，测算三江源国家公园生态保护水平。结果显示，三江源国家公园的生态保护综合评价值为0.7166，生态保护处于较高水平。其中，水土资源保护、生物多样性保护、绿色发展方式的综合评价值分别为0.1020、0.4188、0.1958，生物多样性水平最高，水土资源保护水平最低，绿色发展方式居中。属地各县的生态保护综合评

价值均低于三江源国家公园整体水平，且存在较大差异；其中，治多县生态保护水平最高（0.3541），其次是玛多县（0.2801），再次是杂多县（0.2333），最低的是曲麻莱县（0.1837）。

二 三江源国家公园牧民增收能力整体较低且水平差异明显

通过构建健康保障能力、家庭增收能力、资产积累能力以及竞争合作能力4个维度37项指标组成的牧民增收评价体系，来测算三江源国家公园当地牧民增收能力。结果显示，三江源国家公园当地牧民增收能力综合评价值为0.4692，牧民增收能力处于中等水平。其中，健康保障能力、家庭增收能力、资产积累能力、竞争合作能力的评价值分别为0.1668、0.1126、0.0951、0.0947，健康保障能力最强，家庭增收能力第二，资产积累能力第三，竞争合作能力最弱。属地各县的牧民增收能力综合评价值均低于三江源国家公园整体水平，且存在较大差异，其中，杂多县牧民增收能力最强（0.4934），其次是治多县（0.4799），再次是玛多县（0.4585），最低的是曲麻莱县（0.3870）。

三 三江源国家公园生态保护和牧民增收耦合协调度较差且空间分异显著

通过2个维度58项指标构建三江源国家公园生态保护与牧民增收耦合度评价体系，并对耦合协调度进行分析。结果表明，三江源国家公园耦合度很高（0.9996），处于高水平耦合阶段，但耦合协调度较低（0.5027），属于勉强协调类型。属地各县的耦合度和耦合协调度发展不平衡。治多县、曲麻莱县、杂多县、玛多县生态保护与牧民增收的耦合度分别为0.9809、0.9639、0.9477、0.9242，均处于高水平的耦合阶段。治多县、曲麻莱县、杂多县、玛多县四个县的生态保护与牧民增收的耦合协调度分别为0.4682、0.4012、0.4452、0.4153，均属于濒临失调类型，生态保护与牧民增收协调性较差。同时，长江源园区、黄河源园区和澜沧江源园区生态保护与牧民增收耦合协调度均值分别为0.4300、0.4574和0.4053，三个园区的空间冲突差异明显（Fisher检验值为7.309，p值为0.019）。生态保护与牧民增收空间冲突的影响因素主要有政府生态治理能力、资源依赖程度、人均可支配收入。

四 三江源国家公园三方利益主体的稳定策略是共同采取生态保护和牧民增收协调策略

在对三江源国家公园各主体生态优化和牧民增收行为和利益关系分析的基础上，构建演化博弈模型，对三方主体博弈行为进行分析。结果显示，三江源国家公园三方利益主体共同采取生态保护与牧民增收协调机制的收益最大，采取单一策略则收益最小；属地县政府采取协调策略的意愿最高，当地牧民采取协调策略的意愿最低；协调策略成本与各利益主体采取协调策略的意愿呈反方向变动；抵触成本、协调策略收益、两两协作收益与各主体采取协调策略的意愿呈同方向变动。

五 生态优先情景下三江源国家公园综合效益最大且景观破碎度最小

以三江源国家公园生态保护与牧民增收为目标，设定自然演变、经济优先和生态优先三种发展情景，利用多目标规划模型（MOP）及 Geo SOS-FLUS 模型，对三江源国家公园土地利用空间布局进行优化。结果显示，在生态优先情景下，三江源国家公园综合效益最大，总体效益分别是自然演变情景和经济优先情景的 1.52 倍和 2.65 倍。从土地空间优化来看，在生态优先情景下，景观分离度最低，Simpson 指数最低，聚合度最高，三江源国家公园景观完整性和连通性最好。

六 应合理构建三江源国家公园人地共生协调机制

尽管三江源国家公园生态优化和牧民增收存在空间冲突，但并非不可协调。以生态保护与牧民增收耦合度和耦合协调度为基础，构建二者协调发展水平定期监测评估体系，分析影响二者协调发展的主要因素，在此基础上统筹生态保护与牧民增收的经济、社会、文化等资源，形成“协调水平定期监测—影响因素精准识别—现实路径积极探讨—配套政策及时出台”的动态机制，推动其协调发展，并在产业结构转型、生态价值转化和发展动能转变上下功夫，使生态资源转化为经济资源，把生态保护转化为经济发展的重要方式和产业支撑。

第三节　研究展望

一　研究存在的不足

（一）三江源国家公园生态保护和牧民增收的耦合协调度时间演化规律有待进一步揭示

由于时间较紧，本书只选取了截面数据进行研究，对三江源国家公园生态保护和牧民增收空间冲突的时间演化趋势研究不够充分。

（二）三江源国家公园生态保护和牧民增收空间冲突对乡村振兴的作用机理尚未研究

在乡村振兴战略全面推进的背景下，三江源国家公园生态保护和牧民增收空间冲突是否会对乡村振兴产生什么影响？又是如何影响的？有待深入研究。

二　下一步的研究方向

（一）深入研究三江源国家公园生态保护和牧民增收空间冲突的时间演化趋势

后期将进一步收集选取多年数据，对三江源国家公园生态保护和牧民增收空间冲突的时间演化趋势进行深入研究，进一步揭示二者空间冲突的深层次规律。

（二）深入研究三江源国家公园生态保护和牧民增收空间冲突对乡村振兴的作用机理

把三江源国家公园生态保护和牧民增收空间冲突放在乡村振兴背景下进行深入研究，探讨其对乡村振兴的影响力及作用机理，进而提出有针对性的对策建议。

第四节　本章小结

本章总结了三江源国家公园生态保护和牧民增收空间冲突的基本结论，对生态保护和牧民增收的成效、二者的空间冲突水平、空间冲突的主要影响因子及作用机理、利益主体的博弈行为、土地利用及空间布局优化、二者协调机制构建作了梳理，对本书的理论假设进行了验证，并针对研究的不足，提出了下一步的研究目标。

附　　录

附表 1　　三江源国家公园当地牧民生产生活状况调查（1）

问卷编号：　　县（市）　　乡（镇）　　村　　调查时间：　　年　月　日

被调查人姓名				调查员			
家里人口数（人）				60岁以上（人）		16岁以下（人）	
16岁以上还在上学的学生（人）				民族	a. 藏族 b. 回族 c. 蒙古族 d. 汉族 e. 其他		
家庭残疾人数（人）				患有严重疾病人数（人）		患有严重精神(心理)疾病人数（人）	
家庭成员中任村组以上干部人数（人）			家庭机械化生产程度	a. 很好　b. 一般　c. 较差		离县城的距离（千米）	
序号	指标层	指标分解	数额	序号	指标层	指标分解	数额
1	家庭经营性收入(元)	畜牧业收入		2	转移性收入(元)	生活困难补助	
		种地收入				精准扶贫资金	
		挖虫草收入				救灾补贴	
		嘛呢石刻收入				低保	
		打工收入				养老金	
		餐饮业收入				其他补贴	
		交通运输业收入		3	家庭年生活消费支出（元）	家庭吃穿开支	
		分红收入				宗教活动开支	
		土地流转收入				文化教育开支	
		其他收入				看病买药开支	
2	转移性收入(元)	退牧还草饲料补助				人情往来开支	
		取暖及燃料补助				招待亲朋好友开支	

续表

序号	指标层	指标分解	数额	序号	指标层	指标分解	数额
4	家庭年生产支出（元）	购买饲料		6	家庭资产情况	养牛数量（头）	
		购买牲畜				养羊数量（只）	
		种子				养马数量（头）	
		农药				养猪数量（头）	
		肥料				其他牲畜数量	
		地膜				房屋价值（元）	
		其他				汽车价值（元）	
5	整体收支情况(元)	去年收支结余				生产工具价值（元）	
		前年收支结余				生活设备价值（元）	
6	家庭资产情况	草地面积				其他固定资产价值（元）	
		耕地面积				银行贷款（万元）	
		草地耕地闲置面积				亲友借款（万元）	

附表 2　三江源国家公园当地牧民生产生活状况调查（2）

序号	指标层	指标分解	数额	序号	指标层	指标分解	数额
7	家庭劳动力	外出务工（人）		7	家庭劳动力	语言表达能力（a. 很强；b. 比较强；c. 一般；d. 较差；e. 很差）	
		在家务农（人）				平时活动范围（a. 主要在村里；b. 主要在本乡本镇；c. 主要在本县本市；d. 主要在县外）	
		大学以上文化（人）		8	住房质量及生活条件	家庭住房面积（平方米）	
		高中文化（人）				住房闲置面积（平方米）	
		初中文化（人）				住房结构（a 砖混，b 砖木，c 土坯，d 帐篷）	
		小学文化（人）				卫生厕所配套状况（a. 水冲厕所，b. 旱厕，c. 无）	
		小学以下文化（人）				是否有自来水	
		掌握一门致富技能人数（人）				生活垃圾是否经过集中处理	
		接受技术就业培训人数（人）				生活污水是否经过集中处理	
		能说汉语的人数（人）		9	生产生活情况	是否购买农村养老保险	

续表

序号	指标层	指标分解	数额
9	生产生活情况	是否购买农村医疗保险	
		家庭主要能源（a. 天然气，b. 液化气，c. 电，d. 煤，e. 牛粪，f. 其他）	
		对村级医疗服务满意度（a. 很满意；b. 比较满意；c. 一般；d. 不太满意；e. 很不满意）	
		参与村里组织的活动的次数（a. 很多；b. 比较多；c. 一般；d. 不太多；e. 很少）	
		参加合作社的个数（a. 3 个以上；b. 3 个；c. 2 个；d. 1 个；e. 0 个）	
9	生产生活情况	参加合作社的个数（a. 3 个以上；b. 3 个；c. 2 个；d. 1 个；e. 0 个）	
		网络购物情况（a. 很多；b. 较多；c. 一般；d. 较少；e. 从不）	
		每天学习政策、技能、信息的时间（a. 3 小时以上；b. 2—3 小时；c. 1—2 个小时；d. 1 小时以内；e. 基本没有）	
		经商办企业经历（a. 仍然在办企业；b. 以前干过，挣了些钱，现在没干了；c. 以前干过，没挣上钱，现在没干了；c. 没有干过）	
		融资能力（a. 很强；b. 比较强；c. 一般；d. 较差；e. 很差）	

《三江源国家公园生态保护与牧民增收指标体系》专家咨询函

尊敬的专家：

您好！

现就《三江源国家公园生态保护与牧民增收指标体系》各指标的相对重要性征求您的意见，请您根据自身实践与工作经验，通过指标间的两两比较，对其重要程度进行评价并赋予相应分值。赋值标准为：前一个因素对后一个因素的重要性，同等重要为1，稍微重要为3，比较重要为5，明显重要为7，绝对重要为9，稍微次要为1/3，比较次要为1/5，明显次要为1/7，绝对次要为1/9（见下表）。

序号	重要性等级	B_{ij} 赋值
1	第i个因素和第j个因素同等重要	1
2	第i个因素比第j个因素稍微重要	3
3	第i个因素比第j个因素比较重要	5
4	第i个因素比第j个因素明显重要	7
5	第i个因素比第j个因素绝对重要	9
6	第i个因素比第j个因素稍微次要	1/3
7	第i个因素比第j个因素比较次要	1/5
8	第i个因素比第j个因素明显次要	1/7
9	第i个因素比第j个因素绝对次要	1/9

例如：下表中是影响健康的三个因素比较，其中“5”指的是“B1（不良嗜好）比B2（不锻炼身体）比较重要”；“1/7”指的是“B2（不锻炼身体）比B3（饮食不规律）明显次要”；右上的“1”是指“B1（不良嗜好）和B3（饮食不规律）同等重要”；表中“—”不用打分。

j因素 i因素	B1（不良嗜好）	B2（不锻炼身体）	B3（饮食不规律）
B1（不良嗜好）	1	5	1
B2（不锻炼身体）	—	1	1/7
B3（饮食不规律）	—	—	1

本次评分分为两个层次，首先对影响三江源国家公园生态保护与牧民增收的重要性进行评分；其次分别就两个方面的影响因素再逐一评分，一共有六道大题。

最后，祝您工作顺利，谢谢！

二〇二一年十月八日

填表从此处开始：

一 三江源国家公园生态保护与牧民增收影响因素一级指标重要性评价

i因素 j因素	A1（生态保护）	A2（牧民增收）
A1（生态保护）	1	
A2（牧民增收）	—	1

二 三江源国家公园生态保护与牧民增收影响因素二级指标重要性评价

1. 生态保护影响因素重要性评价

j因素 i因素	B11(水土资源保护)	B12(生物多样性保护)	B13(绿色发展方式)
B11（水土资源保护）	1		
B12（生物多样性保护）	—	1	
B13（绿色发展方式）	—	—	1

2. 牧民增收影响因素重要性评价

j因素 i因素	B21 （健康保障能力）	B22 （家庭增收能力）	B23 （资产积累能力）	B24 （竞争合作能力）
B21（健康保障能力）	1			
B22（家庭增收能力）	—	1		
B23（资产积累能力）	—	—	1	
B24（竞争合作能力）	—	—	—	1

三　三江源国家公园生态保护与牧民增收影响因素三级指标重要性评价

1. 水土资源保护影响因素重要性评价

j因素 i因素	C11（水土保持）	C12（生态修复）	C13（环境保护）
C11（水土保持）	1		
C12（生态修复）	—	1	
C13（环境保护）	—	—	1

2. 生物多样性保护影响因素重要性评价

i因素 j因素	C21（植物保护）	C22（动物保护）
C21（植物保护）	1	
C22（动物保护）	—	1

3. 绿色发展方式影响因素重要性评价

j因素 i因素	C31（绿色产业结构）	C32（科技人才支持）	C33（绿色发展保障）
C31（绿色产业结构）	1		
C32（科技人才支持）	—	1	
C33（绿色发展保障）	—	—	1

4. 健康保障能力影响因素重要性评价

j因素 i因素	C41（身心健康能力）	C42（社会保障能力）	C43（生活环境状况）
C41（身心健康能力）	1		
C42（社会保障能力）	—	1	
C43（生活环境状况）	—	—	1

5. 家庭增收能力影响因素重要性评价

j因素 i因素	C51(劳动力基本状况)	C52(劳动技能掌握)	C53(收入来源稳定性)
C51（劳动力基本状况）	1		
C52（劳动技能掌握）	—	1	
C53（收入来源稳定性）	—	—	1

6. 资产积累能力影响因素重要性评价

j因素 i因素	C61（家庭资产状况）	C62（家庭资产收入）	C63（资产增收潜力）
C61（家庭资产状况）	1		
C62（家庭资产收入）	—	1	
C63（资产增收潜力）	—	—	1

7. 竞争合作能力影响因素重要性评价

j因素 i因素	C71（竞争能力）	C72（合作能力）	C73（发展潜力）
C71（竞争能力）	1		
C72（合作能力）	—	1	
C73（发展潜力）	—	—	1

四　三江源国家公园生态保护与牧民增收影响因素四级指标重要性评价

1. 水土保持影响因素重要性评价

j因素 i因素	D11（草地植被覆盖度）	D12（森林覆盖率）	D13（湿地保护面积比例）
D11（草地植被覆盖度）	1		
D12（森林覆盖率）	—	1	
D13（湿地保护面积比例）	—	—	1

2. 生态修复影响因素重要性评价

j因素 i因素	D21（草地植被平均盖度增长率）	D22（沙化土地植被盖度增长率）	D23（土地侵蚀面积占区域土地面积）
D21（草地植被平均盖度增长率）	1		
D22（沙化土地植被盖度增长率）	—	1	
D23（土地侵蚀面积占区域土地面积）	—	—	1

3. 环境保护影响因素重要性评价

j因素 i因素	D31（生态环境状况指数）	D32（三江源头水质）	D33（三江源水资源总量增长率）
D31（生态环境状况指数）	1		
D32（三江源头水质）	—	1	
D33（三江源水资源总量增长率）	—	—	1

4. 植物保护影响因素重要性评价

j因素 i因素	D41（野生植物种群数量）
D41（野生植物种群数量）	1

5. 动物保护影响因素重要性评价

j因素 / i因素	D51（野生动物种群数量）
D51（野生动物种群数量）	1

6. 绿色产业结构影响因素重要性评价

j因素 / i因素	D61（年产草量增长百分比）	D62（年存栏牲畜增长百分比）	D63（非农产业比例）	D64（转产转业劳动力比例）
D61（年产草量增长百分比）	1			
D62（年存栏牲畜增长百分比）	—	1		
D63（非农产业比例）	—	—	1	
D64（转产转业劳动力比例）	—	—	—	1

7. 科技人才支持影响因素重要性评价

j因素 / i因素	D71（万人专利授权数量）	D72（每万人高中生人数）	D73（牧民培训比例）
D71（万人专利授权数量）	1		
D72（每万人高中生人数）	—	1	
D73（牧民培训比例）	—	—	1

8. 绿色发展保障影响因素重要性评价

j因素 / i因素	D81（生态补偿与生产总值的比值）	D82（牧民人均生态补奖数额）	D83（生态管护公益岗位与牧民户数比例）
D81（生态补偿与生产总值的比值）	1		
D82（牧民人均生态补奖数额）	—	1	
D83（生态管护公益岗位与牧民户数比例）	—	—	1

9. 身心健康能力影响因素重要性评价

j因素 i因素	D91（身体健康人口比例）	D92（心理健康人口比例）
D91（身体健康人口比例）	1	
D92（心理健康人口比例）	—	1

10. 社会保障能力影响因素重要性评价

j因素 i因素	D101（对村级医疗服务满意度）	D102（医疗保险参与率）	D103（养老保险参与率）
D101（对村级医疗服务满意度）	1		
D102（医疗保险参与率）	—	1	
D103（养老保险参与率）	—	—	1

11. 生活环境状况影响因素重要性评价

j因素 i因素	D111（农业机械化程度）	D112（卫生厕所配套状况）	D113（生活污水处理率）	D114（生活垃圾无害化处理率）	D115（清洁能源使用率）
D111（农业机械化程度）	1				
D112（卫生厕所配套状况）		1			
D113（生活污水处理率）	—	—	1		
D114（生活垃圾无害化处理率）	—	—		1	
D115（清洁能源使用率）	—	—	—	—	1

12. 劳动力基本状况影响因素重要性评价

j因素 i因素	D121（劳动力占家庭人口的比例）	D122（非农劳动力占劳动力的比例）	D123（劳动力平均受教育年限）
D121（劳动力占家庭人口的比例）	1		
D122（非农劳动力占劳动力的比例）	—	1	
D123（劳动力平均受教育年限）	—	—	1

13. 劳动技能掌握情况影响因素重要性评价

j因素 / i因素	D131（掌握实用技术人员占劳动力人口的比例）	D132（劳动力技术培训的比例）	D133（会讲汉语的人数所占比例）
D131（掌握实用技术人员占劳动力人口的比例）	1		
D132（劳动力技术培训的比例）	—	1	
D133（会讲汉语的人数所占比例）	—	—	1

14. 收入来源稳定性影响因素重要性评价

j因素 / i因素	D141（经营性收入占家庭收入的比例）	D142（家庭收入来源数量）	D143（到县城的距离）
D141（经营性收入占家庭收入的比例）	1		
D142（家庭收入来源数量）	—	1	
D143（到县城的距离）	—	—	1

15. 家庭资产状况影响因素重要性评价

j因素 / i因素	D151（草场承包面积）	D152（家庭饲养的牛羊数量）	D153（家庭收支平衡结余金额）	D154（现有固定资产估价）
D151（草场承包面积）	1			
D152（家庭饲养的牛羊数量）	—	1		
D153（家庭收支平衡结余金额）	—	—	1	
D154（现有固定资产估价）	—	—	—	1

16. 家庭资产收入影响因素重要性评价

j因素 / i因素	D161（土地流转收入占家庭总收入的比例）	D162（闲置土地面积占比）	D163（闲置房屋面积占比）
D161（土地流转收入占家庭总收入的比例）	1		
D162（闲置土地面积占比）	—	1	
D163（闲置房屋面积占比）	—	—	1

17. 资产增收潜力影响因素重要性评价

j因素 / i因素	D171（信用贷款占家庭总收入的比例）	D172（家庭收入增幅）
D171（信用贷款占家庭总收入的比例）	1	
D172（家庭收入增幅）	—	1

18. 竞争能力影响因素重要性评价

j因素 / i因素	D181（经商办企业情况）	D182（分红收入占家庭总收入比例）	D183（家庭成员中村干部人数）	D184（家庭融资能力）
D181（经商办企业情况）	1			
D182（分红收入占家庭总收入比例）	—	1		
D183（家庭成员中村干部人数）	—	—	1	
D184（家庭融资能力）	—	—	—	1

19. 合作能力影响因素重要性评价

j因素 / i因素	D191（参加合作社和其他组织的个数）	D192（社会交往支出占总支出的比例）	D193（参加社区活动的积极性）
D191（参加合作社和其他组织的个数）	1		
D192（社会交往支出占总支出的比例）	—	1	
D193（参加社区活动的积极性）	—	—	1

20. 资产增收潜力影响因素重要性评价

j因素 / i因素	D201（网络购物消费状况）	D202（闲暇时间每天学习的时间）
D201（网络购物消费状况）	1	
D202（闲暇时间每天学习的时间）	—	1

Lingo 编码

1. 自然演变

```
sets:
S/1..8/: x, ec, el;
T/1..11/: s1;
U(T, s): e;
endsets

data:
    x = 75731.79, 246.39, 5.44, 3.16, 5000.34, 2688.23,
891.74, 38574.30;
    ec=0.013, 0.017, 42.854, 1.864, 0.521, 0.521, 0,0;
    el = 3512.60, 13462.70, 0, 0, 4067.40, 55488.90,
371.40, 371.40;
enddata

max=@sum(s(j): 0.5*ec(j)*x(j)+0.5*el(j)*x(j));
x1+x2+x3+x4+x5+x6+x7+x8=123141.40;
x1+x2+x3+x4+x5+x6+x7+x8>=90570.25;
x1+x2+x3+x4+x5+x8>=5923.99;

x1>=75731.79;
x1<78609.60;
x2>=246.39;
x2<249.35;
x3>5.44;
X3<5.51;
x4<=3.16;
x5>=5000.34;
```

```
x5<6085.23;
x6>=2688.23;
x6<=2818.77;
x7=891.74;
x8<38574.30;
x3/x4<2;
1<x3/x4;
end
```

2. 经济优先

```
sets:
S/1..8/: x, ec, el;
T/1..11/: s1;
U(T, s): e;
endsets

data:
   x = 75731.79, 246.39, 5.44, 3.16, 5000.34, 2688.23, 891.74, 38574.30;
   ec=0.013, 0.017, 42.854, 1.864, 0.521, 0.521, 0,0;
   el = 3512.60, 13462.70, 0, 0, 4067.40, 55488.90, 371.40, 371.40;
enddata

max=@sum(s(j): 0.7*ec(j)*x(j)+0.3*el(j)*x(j));
x1+x2+x3+x4+x5+x6+x7+x8=123141.40;
x1+x2+x3+x4+x5+x6+x7+x8>=90570.25;
x1+x2+x3+x4+x5+x8>=5923.99;

x1>=75731.79;
x1<78034.04;
x2>=246.94;
```

```
x2<248.76;
x3=5.51;
x4<=3.16;
x5>=5000.34;
x5<5868.25;
x6>=2688.23;
x6<=2792.66;
x7=891.74;
x8<38574.30;
x3/x4<2;
1<x3/x4;
end
```

3. 生态优先

```
sets:
S/1..8/: x, ec, el;
T/1..11/: s1;
U(T, s): e;
endsets

data:
    x = 75731.79, 246.39, 5.44, 3.16, 5000.34, 2688.23, 891.74, 38574.30;
   ec=0.013, 0.017, 42.854, 1.864, 0.521, 0.521, 0,0;
    el = 3512.60, 13462.70, 0, 0, 4067.40, 55488.90, 371.40, 371.40;
enddata

max=@sum(s(j): 0.3*ec(j)*x(j)+0.7*el(j)*x(j));
x1+x2+x3+x4+x5+x6+x7+x8=123141.40;
x1+x2+x3+x4+x5+x6+x7+x8>=90570.25;
x1+x2+x3+x4+x5+x8>=5923.99;
```

```
x1>=75731. 79;
x1<90048. 50;
x2>=246. 94;
x2<250. 83;
x3>5. 4;
X3<5. 47;
x4<2. 53;
x5>=5000. 34;
x5<6627. 67;
x6>=2688. 23;
x6<=2884. 05;
x7=891. 74;
x8<38574. 30;
x3/x4<3;
1<x3/x4;
end
```

附表 3　　三江源国家公园生态保护评价体系标准化值

序号	指标	三江源国家公园	治多县	曲麻莱县	杂多县	玛多县
x1	草地植被保护	0. 6239	1. 0001	0. 6283	0. 8675	0. 0001
x2	森林保护	0. 5001	0. 2501	1. 0001	0. 7501	0. 0001
x3	湿地保护	0. 4776	0. 0001	1. 0001	0. 1713	0. 7388
x4	退化草地治理	0. 9687	0. 9732	0. 0001	0. 2762	1. 0001
x5	沙化土地治理	0. 5001	0. 0001	1. 0001	0. 2501	0. 7501
x6	水土流失治理	0. 2172	0. 0001	0. 0001	0. 5665	1. 0001
x7	环境质量	0. 4858	0. 0001	0. 1430	0. 7858	1. 0001
x8	水质	0. 5001	0. 2501	0. 7501	0. 0001	1. 0001
x9	水资源总量增长率	0. 1900	0. 0001	0. 0001	0. 1501	1. 0001
x10	植物种群数量	1. 0001	0. 5631	0. 0120	0. 0001	0. 0475
x11	动物种群数量	1. 0001	0. 5677	0. 0091	0. 0001	0. 0451
x12	草量增长幅度	0. 2198	1. 0001	0. 2531	0. 0001	0. 1373
x13	存栏牲畜增长幅度	0. 4439	0. 0001	1. 0001	0. 1824	0. 8528
x14	非农产业占比	0. 3420	0. 1138	0. 2441	0. 0001	1. 0001
x15	转产转业劳动力比例	0. 4760	0. 8765	1. 0001	0. 0001	0. 0272
x16	专利授权数据	0. 2001	0. 0001	0. 0001	1. 0001	0. 0001
x17	教育文化程度	0. 3676	0. 2405	0. 2293	1. 0001	0. 0001
x18	牧民培训比例	0. 7228	1. 0001	0. 0001	0. 8572	0. 9763
x19	生态补偿水平	1. 0001	0. 0001	0. 0001	0. 0001	0. 0001
x20	生态补奖政策落实	0. 5251	0. 0001	1. 0001	0. 4001	0. 7001
x21	生态管护公益岗位落实	0. 6155	0. 0001	0. 6924	1. 0001	0. 7693

附表4　　三江源国家公园牧民增收评价体系标准化值（1）

序号	评价指标	索加乡	扎河乡	曲麻河乡	叶格乡	黄河乡	玛查理镇
x1	基本身体素质	0.6199	1.0001	0.0001	0.4940	0.6299	0.5502
x2	心理健康水平	0.7771	1.0001	0.2032	1.0001	1.0001	0.4985
x3	医疗服务水平	0.8267	0.6836	0.0001	0.7087	0.7664	0.8478
x4	医疗保障水平	0.1838	0.5790	0.0001	1.0001	0.1112	0.7378
x5	养老保障水平	0.0147	0.2699	0.1226	0.0001	0.5026	0.9330
x6	生产环境条件	0.4592	0.3706	0.0001	0.4320	0.2609	0.4702
x7	生活卫生条件	0.3669	0.3337	0.0001	0.3171	0.1189	0.2930
x8	生活污水处理率	0.0171	0.0440	0.0001	0.0001	0.0618	0.2460
x9	生活垃圾无害化处理率	0.6556	0.7161	0.0998	0.0001	0.6309	0.8654
x10	绿色生活品质	0.1998	0.1658	0.0202	0.0001	0.1599	0.3683
x11	劳动力数量	0.9582	0.5929	0.5288	0.4921	1.0001	0.8292
x12	非农劳动力数量	0.7322	0.0067	0.0687	1.0001	0.0238	0.4710
x13	劳动力基本素质	0.9328	0.0001	0.5424	0.5883	0.5938	0.1371
x14	劳动力致富技能	0.1555	0.2005	0.5951	1.0001	0.3762	0.5827
x15	劳动力技术培训	0.3383	0.1956	0.7680	0.7966	0.3599	0.0563
x16	语言沟通能力	1.0001	0.3478	0.1549	0.8677	0.6016	0.4153
x17	家庭经营性收入	0.2437	0.3540	0.1480	0.0001	0.4803	0.6721
x18	收入来源多样性	0.3649	0.6211	0.0053	0.0950	0.0001	0.0076
x19	区域增收机会	0.0001	0.0911	0.6163	0.6052	0.6218	0.7736
x20	草场面积	0.2801	0.0751	0.0001	0.2272	0.2216	0.0290
x21	牲畜数量	0.5616	0.5331	0.1192	0.0851	1.0001	0.0817
x22	家庭存款量	0.8708	0.8443	0.8511	1.0001	0.5316	0.0001
x23	家庭固定资产	0.3736	0.3902	0.1163	0.0676	0.2512	0.6766
x24	土地流转收入	0.3119	0.1697	1.0001	0.3912	0.1373	0.0076
x25	土地闲置情况	1.0001	1.0001	1.0001	1.0001	1.0001	1.0001
x26	房屋闲置情况	0.7063	0.0001	1.0001	1.0001	1.0001	0.0611
x27	信用贷款数量	0.0084	0.3946	0.2634	0.3386	0.0001	1.0001
x28	家庭收入增幅	0.5074	0.4456	0.7977	0.6145	0.5184	1.0001
x29	创业经营能力	0.3616	1.0001	0.7828	0.3848	0.1018	0.4445
x30	投资管理能力	0.5713	0.2158	0.4584	1.0001	0.4271	0.0985
x31	资源组织能力	0.5103	0.2633	0.0001	0.0001	0.1853	0.6558
x32	资金获取能力	0.2925	0.7685	0.9923	0.6530	0.8001	0.9085
x33	合作发展能力	1.0001	0.6518	0.0308	0.6633	0.6470	0.4325
x34	商务交往能力	0.8797	1.0001	0.0083	0.0110	0.0001	0.0617
x35	生活融通能力	0.1399	0.3262	0.0001	0.1483	0.5436	0.8073
x36	社会适应能力	0.0001	0.2771	0.8848	0.2049	0.3926	0.2741
x37	自我提升能力	0.6191	0.5618	0.4830	0.5861	0.7804	0.6013

附表5　三江源国家公园牧民增收评价体系标准化值（2）

序号	评价指标	扎陵湖乡	莫云乡	查旦乡	扎青乡	阿多乡	昂赛乡
x1	基本身体素质	0.3906	0.7476	0.6291	0.6828	0.7841	0.7368
x2	心理健康水平	1.0001	1.0001	1.0001	0.0001	0.3626	1.0001
x3	医疗服务水平	0.6890	0.7461	0.8113	0.7515	0.7461	1.0001
x4	医疗保障水平	0.6001	0.6445	1.0001	0.3726	1.0001	1.0001
x5	养老保障水平	0.7444	1.0001	0.9132	0.9578	0.9310	0.6228
x6	生产环境条件	0.1718	0.3931	0.7507	1.0001	0.2405	0.7542
x7	生活卫生条件	0.3810	1.0001	0.7298	0.4599	0.7079	0.5162
x8	生活污水处理率	0.0418	1.0001	0.9049	0.7191	0.5279	0.2175
x9	生活垃圾无害化处理率	0.7313	0.9973	0.8704	1.0001	0.9155	0.8377
x10	绿色生活品质	0.0403	1.0001	0.9285	0.6848	0.8698	0.5938
x11	劳动力数量	0.3822	0.0904	0.2088	0.3706	0.1702	0.0001
x12	非农劳动力数量	0.6945	0.0001	0.4754	0.9591	0.0080	0.0214
x13	劳动力基本素质	0.4657	1.0001	0.4177	0.3210	0.6702	0.0708
x14	劳动力致富技能	0.5078	0.5924	0.0001	0.2987	0.0001	0.0001
x15	劳动力技术培训	1.0001	0.1525	0.0001	0.3362	0.1811	0.1492
x16	语言沟通能力	0.5507	0.8076	0.0473	0.3887	0.6516	0.0001
x17	家庭经营性收入	0.1134	0.8052	0.8670	0.9233	0.9618	1.0001
x18	收入来源多样性	0.3436	0.6099	1.0001	0.6217	0.5974	0.5630
x19	区域增收机会	0.3222	0.0077	0.0393	0.7602	1.0001	0.7659
x20	草场面积	1.0001	0.3024	0.3452	0.1569	0.0227	0.0016
x21	牲畜数量	0.4159	0.0335	0.0427	0.0001	0.0170	0.0308
x22	家庭存款量	0.7444	0.4889	0.3956	0.4264	0.1720	0.2704
x23	家庭固定资产	0.0001	0.3120	0.4354	0.9781	0.6181	1.0001
x24	土地流转收入	0.1211	0.0260	0.0122	0.0001	0.0588	0.1901
x25	土地闲置情况	1.0001	1.0001	1.0001	0.0001	1.0001	1.0001
x26	房屋闲置情况	0.3911	1.0001	1.0001	1.0001	1.0001	1.0001
x27	信用贷款数量	0.3350	0.1069	0.1962	0.0963	0.6447	0.4728
x28	家庭收入增幅	0.5242	0.4708	0.6724	0.5450	0.0001	0.6106
x29	创业经营能力	0.2574	0.5910	0.0001	0.0691	0.0072	0.0486
x30	投资管理能力	0.5858	0.0251	0.1331	0.0115	0.0241	0.0001
x31	资源组织能力	1.0001	0.2223	0.5715	0.1962	0.0001	0.0001
x32	资金获取能力	1.0001	0.8926	0.3893	0.1991	0.4904	0.0001
x33	合作发展能力	0.9642	0.5753	0.4831	0.1830	0.2795	0.0001
x34	商务交往能力	0.1700	0.0721	0.1495	0.0499	0.3337	0.0291
x35	生活融通能力	0.1305	0.8914	0.6057	0.6459	1.0001	0.4680
x36	社会适应能力	0.5798	0.7541	0.7541	1.0001	0.2894	0.2692
x37	自我提升能力	1.0001	0.4014	0.1526	0.0001	0.4377	0.1931

参考文献

《2000/2001 年世界发展报告》编写组：《2000/2001 年世界发展报告》，中国财政经济出版社 2001 年版。

《IPCC 是什么》，中国气象局官网，http：//www. cma. gov. cn.

《国家公园：谱写美丽中国青海新篇章》，搜狐网，https：//www. sohu. com.

《习近平春节前夕赴河北张家口看望慰问基层干部群众》，中国共产党新闻网，http：//cpc. people. com. cn.

《以时代为己任以责任为担当奋力谱写美丽中国青海新篇章》，青海省国际互联网新闻中心，https：//baijiahao. baidu. com.

《中国共产党第十九届中央委员会第五次全体会议公报》，新华网，http：//www. xinhuanet. com.

阿马蒂亚·森：《什么样的平等》，《世界哲学》2002 年第 2 期。

阿马蒂亚·森：《以自由看待发展》，中国人民大学出版社 2012 年版。

毕莹竹等：《三江源国家公园利益相关者协调机制构建》，《中国城市林业》2019 年第 3 期。

曹帅等：《耦合 MOP 与 GeoSOS-FLUS 模型的县级土地利用结构与布局复合优化》，《自然资源学报》2019 年第 6 期。

常宏建：《项目利益相关者协调机制研究》，博士学位论文，山东大学，2009 年。

陈爱雪、刘艳：《层次分析法的我国精准扶贫实施绩效评价研究》，《华侨大学学报》（哲学社会科学版）2017 年第 1 期。

陈春阳等：《基于土地利用数据集的三江源地区生态系统服务价值变化》，《地理科学进展》2012 年第 7 期。

陈国阶：《可持续发展的人文机制—人地关系矛盾反思》，《中国人口·资源与环境》2000 年第 3 期。

陈玲等：《基于变异系数法的政府开放数据利用行为耦合协调性研究》，《信息资源管理学报》2021 年第 2 期。

陈曼等：《农户生计视角下农地流转绩效评价及障碍因子诊断——基于武汉城市圈典型农户调查》，《资源科学》2019 年第 41 期。

陈朋、张朝枝：《国家公园门票定价：国际比较与分析》，《资源科学》2018 年第 12 期。

陈士梅等：《基于生态安全的空间冲突测度与影响因素研究——以昆明市为例》，《中国农业大学学报》2020 年第 5 期。

陈晓等：《旱区生态移民空间冲突的生态风险研究——以宁夏红寺堡区为例》，《人文地理》2018 年第 5 期。

陈晓芳：《城市化进程中土地冲突管理的理论分析与机制设计》，硕士学位论文，华中科技大学，2008 年。

陈耀华等：《论国家公园的公益性、国家主导性和科学性》，《地理科学》2014 年第 3 期。

陈永森、陈云：《习近平关于应对全球气候变化重要论述的理论意蕴及重大意义》，《马克思主义与现实》2021 年第 6 期。

成金华：《如何破解长江经济带经济发展与生态保护矛盾难题——评〈长江经济带：发展与保护〉》，《生态经济》2022 年第 3 期。

程进：《我国生态脆弱民族地区空间冲突及治理机制研究——以甘肃省甘南藏族自治州为例》，博士学位论文，华东师范大学，2013 年。

程雨薇：《基于改进 FLUS 模型的杭州市土地利用格局模拟》，硕士学位论文，浙江大学，2019 年。

单连慧等：《科技评价中不同权重赋值方法的比较研究：以中国医院科技量值为例》，《科技管理研究》2022 年第 2 期。

董琳：《旅游—生态—文化耦合协调发展水平及其影响因素》，《统计与决策》2022 年第 12 期。

窦睿音等：《中国资源型城市“三生系统”耦合协调时空分异演变

及其影响因素分析》，《北京师范大学学报》（自然科学版）2021 年第 3 期。

杜文献：《气候变化对农业影响的研究进展——基于李嘉图模型的视角》，《经济问题探索》2011 年第 1 期。

樊星等：《IPCC 第六次评估报告第一工作组报告主要结论解读及建议》，《环境保护》2021 年第 2 期。

樊增增、邹薇：《从脱贫攻坚走向共同富裕：中国相对贫困的动态识别与贫困变化的量化分解》，《中国工业经济》2021 年第 10 期。

方创琳：《区域发展规划的人地系统动力学基础》，《地学前缘》2000 年第 2 期。

盖美、张福祥：《辽宁省区域碳排放—经济发展—环境保护耦合协调分析》，《地理科学》2018 年第 5 期。

高吉喜等：《中国自然保护地 70 年发展历程与成效》，《中国环境管理》2019 年第 4 期。

高燕等：《境外国家公园社区管理冲突：表现、溯源及启示》，《旅游学刊》2017 年第 1 期。

顾琦玮等：《生态支撑力概念模型的构建及应用》，《环境科学研究》2017 年第 2 期。

郭向宇：《长株潭城市群区域冲突的形成机理及调控模式研究》，硕士学位论文，湖南师范大学，2011 年。

郭耀辉等：《农业循环经济发展指数及障碍度分析——以四川省 21 个市州为例》，《农业技术经济》2018 年第 11 期。

郭昱：《权重确定方法综述》，《农村经济与科技》2018 年第 8 期。

国家发改委：《发展改革委关于印发三江源国家公园总体规划的通知》，中华人民共和国中央人民政府网站，http：//www. gov. cn.

韩勇等：《国外人地关系研究进展》，《世界地理研究》2015 年第 4 期。

韩宗伟、焦胜：《1980—2019 年湘鄂豫公共卫生服务均等性及其人地关系的时空差异》，《地理学报》2022 年第 8 期。

郝成元等：《人地关系的科学演进》，《软科学》2004 年第 4 期。

何仁伟等：《基于可持续生计的精准扶贫分析方法及应用研究——

以四川凉山彝族自治州为例》,《地理科学进展》2017 年第 2 期。

洪玉杰:《书写脱贫攻坚的“青海实践”》,《青海日报》2021 年 1 月 24 日第 1 版。

侯增周:《山东省东营市生态环境与经济发展协调度评估》,《中国人口·资源与环境》2011 年第 7 期。

胡鞍钢、周绍杰:《2035 中国:迈向共同富裕》,《北京工业大学学报》(社会科学版)2022 年第 1 期。

胡西武:《空间剥夺与空间优化:新时代宁夏生态移民的挑战与应对》,经济日报出版社 2020 年版。

胡西武:《宁夏回族自治区生态移民村落空间剥夺及空间优化调节机制研究》,博士学位论文,宁夏大学,2019 年。

胡西武等:《共同富裕背景下三江源国家公园原住民可持续脱贫能力测度及作用机理研究》,《干旱区资源与环境》2022 年第 6 期。

胡西武等:《宁夏生态移民村空间剥夺测度及影响因素》,《地理学报》2020 年第 10 期。

黄诚:《“三举措”提升计划生育家庭致富能力》,《人口与计划生育》2013 年第 11 期。

霍增辉等:《基于项目反应理论的农户相对贫困测度研究——来自浙江农村的经验证据》,《农业经济问题》2021 年第 7 期。

贾天朝等:《三江源国家公园生态安全评价及障碍因子研究》,《河北环境工程学院学报》2023 年第 1 期。

蒋蓉等:《大城市生态保护与经济发展的矛盾及规划应对——成都市中心城区非城市建设用地规划探讨》,《城市规划》2020 年第 12 期。

金观平:《守住不发生规模性返贫底线》,《经济日报》2021 年 12 月 28 日第 1 版。

金圆恒:《云南墨江哈尼族自治县多语种地名空间分布及其演变研究》,博士学位论文,云南师范大学,2022 年。

孔繁德主编:《生态保护》,中国环境科学出版社 2005 年版。

李博炎等:《中国国家公园体制试点进展、问题及对策建议》,《生物多样性》2021 年第 3 期。

李春燕、南灵:《陕西省土地生态安全动态评价及障碍因子诊断》,

《中国土地科学》2015 年第 4 期。

李军鹏：《共同富裕：概念辨析、百年探索与现代化目标》，《改革》2021 年第 10 期。

李明、吕潇俭：《国内外国家公园原住居民生计研究对三江源国家公园建设的启示》，人民网，http：//qh. people. com. cn.

李明子等：《基于卡方检验分析的随书光盘管理绩效的研究》，《运筹与管理》2014 年第 4 期。

李伟萍等：《三峡水库 156 米蓄水位消落区植被恢复遥感动态监测研究》，《长江流域资源与环境》2011 年第 3 期。

李小云等：《中国人地关系的历史演变过程及影响机制》，《地理研究》2018 年第 8 期。

李一丁：《整体系统观视域下自然保护地原住居民权利表达》，《东岳论丛》2020 年第 10 期。

李玉恒等：《京津冀地区乡村人地关系演化研究》，《中国土地科学》2020 年第 12 期。

李正欢等：《利益冲突、制度安排与管理成效：基于 QCA 的国外国家公园社区管理研究》，《旅游科学》2019 年第 6 期。

李周：《中国走向共同富裕的战略研究》，《中国农村经济》2021 年第 10 期。

李子君等：《基于 WaTEM/SEDEM 模型的沂河流域土壤侵蚀产沙模拟》，《地理研究》2021 年第 8 期。

梁爽等：《西北地区小城镇居民生计脆弱性及其影响因子》，《中国农业资源与区划》2019 年第 7 期。

梁伟军、谢若扬：《能力贫困视阈下的扶贫移民可持续脱贫能力建设研究》，《华中农业大学学报》（社会科学版）2019 年第 4 期。

廖华：《民族自治地方重点生态功能区负面清单制度检视》，《民族研究》2020 年第 2 期。

廖李红等：《平潭岛快速城市化进程中三生空间冲突分析》，《资源科学》2017 年第 10 期。

廖重斌：《环境与经济协调发展的定量评判及其分类体系——以珠江三角洲城市群为例》，《热带地理》1999 年第 2 期。

凌经球：《可持续脱贫：新时代中国农村贫困治理的一个分析框架》，《广西师范学院学报》（哲学社会科学版）2018 年第 2 期。

凌经球：《可持续脱贫的机制创新与治理结构转型：对若干国家级贫困县的调查》，广西人民出版社 2009 年版。

刘华等：《农村人口出生性别比失衡及其影响因素的空间异质性研究——基于地理加权回归模型的实证检验》，《人口学刊》2014 年第 36 期。

刘培林等：《共同富裕的内涵、实现路径与测度方法》，《管理世界》2021 年第 8 期。

刘尚希：《论促进共同富裕的社会体制基础》，《行政管理改革》2021 年第 12 期。

刘欣：《协调机制、支配结构与收入分配：中国转型社会的阶层结构》，《社会学研究》2018 年第 1 期。

刘彦随：《现代人地关系与人地系统科学》，《地理科学》2020 年第 8 期。

刘彦随：《中国新时代城乡融合与乡村振兴》，《地理学报》2018 年第 4 期。

刘洋、刘荣高：《基于 LTDRAVHRR 和 MODIS 观测的全球长时间序列叶面积指数遥感反演》，《地球信息科学学报》2015 年第 11 期。

刘哲、兰措：《青海北川河流域径流变化的机理研究——基于模型和统计两种方法》，《地理科学进展》2022 年第 2 期。

卢春天等：《农村青年对气候变化行为适应的影响因素分析》，《中国青年研究》2016 年第 8 期。

鲁冰清：《论共生理论视域下国家公园与原住居民共建共享机制的实现》，《南京工业大学学报》（社会科学版）2022 年第 2 期。

鲁春阳、文枫：《基于改进 TOPSIS 法的城市土地利用绩效评价及障碍因子诊断——以重庆市为例》，《资源科学》2011 年第 3 期。

鲁丹阳：《青海三江源地区生态保护成效初显》，中国新闻网，https：//www. chinanews. com/.

吕拉昌、黄茹：《人地关系认知路线图》，《经济地理》2013 年第 8 期。

罗康隆、杨曾辉：《生计资源配置与生态环境保护——以贵州黎平黄岗侗族社区为例》，《民族研究》2011年第5期。

马德帅：《习近平新时代生态文明建设思想研究》，博士学位论文，吉林大学，2019年。

马世骏：《生态规律在环境管理中的作用——略论现代环境管理的发展趋势》，《环境科学学报》1981年第1期。

马世骏、王如松：《社会—经济—自然复合生态系统》，《生态学报》1984年第1期。

毛明芳：《协调推动技术进步与生态优化》，《中国环境报》2019年10月21日第3版。

潘玉君、李天瑞：《困境与出路——全球问题与人地共生》，《自然辩证法研究》1995年第6期。

庞瑞秋等：《基于地理加权回归的吉林省人口城镇化动力机制分析》，《地理科学》2014年第10期。

庞兆丰、周明：《共同富裕中不同群体的致富能力研究》，《西北大学学报》（哲学社会科学版）2022年第2期。

彭富春：《从天人合一到天人共生》，《湖北社会科学》2022年第3期。

彭红松等：《中国国家公园体制建立的若干思考》，《安徽师范大学学报》（自然科学版）2016年第6期。

齐义军、巩蓉蓉：《内蒙古少数民族聚居区稳定脱贫长效机制研究》，《中央民族大学学报》（哲学社会科学版）2019年第1期。

钱峰：《基于卡方检验的国内外知识管理研究热点比较》，《情报杂志》2008年第9期。

乔迟、刘旻：《国家公园来了，留住“大自然本色之美”》，《新京报》2021年11月9日第B02版。

乔瑞等：《黄河流域绿色发展水平评价及障碍因素分析》，《统计与决策》2021年第23期。

秦大河等：《中国气候与环境演变评估（I）：中国气候与环境变化及未来趋势》，《气候变化研究进展》2005年第1期。

秦静等：《京津冀协同发展下生态保护与经济发展的困境——基于

天津生态红线的思考》，《理论与现代化》2015 年第 5 期。

任嘉敏、马延吉：《东北老工业基地绿色发展评价及障碍因素分析》，《地理科学》2018 年第 7 期。

赛杰奥：《社区参与：三江源国家公园生态保护与生计和谐发展的新篇章》，网易新闻，https：//www. 163. com.

陕永杰等：《长江三角洲城市群“三生”功能耦合协调时空分异及其影响因素分析》，《生态学报》2022 年第 16 期。

申玉铭：《论人地关系的演变与人地系统优化研究》，《人文地理》1998 年第 4 期。

舒尔茨：《论人力资本投资》，北京经济学院出版社 1990 年版。

宋永永等：《宁夏限制开发生态区人地耦合系统脆弱性空间分异及影响因素》，《干旱区资源与环境》2016 年第 11 期。

孙才志等：《中国沿海地区人海关系地域系统评价及协同演化研究》，《地理研究》2015 年第 10 期。

孙晗霖等：《贫困地区精准脱贫户生计可持续及其动态风险研究》，《中国人口 · 资源与环境》2019 年第 2 期。

孙晗霖等：《生计策略对精准脱贫户可持续生计的影响有多大？——基于 2660 个脱贫家庭的数据分析》，《中国软科学》2020 年第 2 期。

孙雷：《皖江城市带承接产业转移示范区经济—社会—环境协调发展研究》，博士学位论文，中国科学技术大学，2020 年。

孙悦、于潇：《人类命运共同体视域下中国推动全球气候治理转型的研究》，《东北亚论坛》2019 年第 6 期。

索恰瓦：《地理系统学说导论》，商务印书馆 1991 年版。

汤吉军、陈俊龙：《气候变化的行为经济学研究前沿》，《经济学动态》2011 年第 7 期。

唐芳林：《国家公园定义探讨》，《林业建设》2015 年第 5 期。

唐芳林：《中国特色国家公园体制建设思考》，《林业建设》2018 年第 5 期。

田宇、丁建军：《贫困研究的多学科差异、融合与集成创新——兼论综合贫困分析框架再建》，《财经问题研究》2016 年第 12 期。

田治国、潘晴：《国家公园社区冲突缓解机制研究——基于“民胞物与”理论》，《常州大学学报》（社会科学版）2021 年第 3 期。

万海远、陈基平：《共同富裕的理论内涵与量化方法》，《财贸经济》2021 年第 12 期。

王保盛等：《基于历史情景的 FLUS 模型邻域权重设置——以闽三角城市群 2030 年土地利用模拟为例》，《生态学报》2019 年第 12 期。

王海鹰等：《广州市城市生态用地空间冲突与生态安全隐患情景分析》，《自然资源学报》2015 年第 8 期。

王红旗等：《中国生态安全格局构建与评价》，科学出版社 2019 年版。

王嘉学等：《资源地贫困问题与人地关系调适——以云南为例》，《云南师范大学学报》（哲学社会科学版）2011 年第 3 期。

王连勇：《创建统一的中华国家公园体系——美国历史经验的启示》，《地理研究》2014 年第 12 期。

王珊珊等：《干旱区绿洲城市“三生”用地空间冲突研究》，《水土保持通报》2022 年第 3 期。

王天琪：《民族地区农地流转主体行为研究——以宁夏为例》，博士学位论文，宁夏大学，2019 年。

王亚平：《生态文明建设与人地系统优化的协同机理及实现路径研究》，博士学位论文，山东师范大学，2019 年。

王永卿：《湖北省矿产资源开发与生态建设协调发展研究》，博士学位论文，中国地质大学，2019 年。

王昱：《吉林省县域经济发展的空间特征及其成因研究》，《国土与自然资源研究》2006 年第 2 期。

韦凤琴、张红丽：《中国农村地区多维相对贫困测度与时空分异特征》，《统计与决策》2021 年第 16 期。

魏超：《基于生态文明理念的国土空间利用协调发展研究》，博士学位论文，中国地质大学，2019 年。

吴承照：《保护地与国家公园的全球共识——2014IUCN 世界公园大会综述》，《中国园林》2015 年第 11 期。

吴传钧：《论地理学的研究核心——人地关系地域系统》，《经济地理》1991 年第 3 期。

吴孔森等：《干旱环境胁迫下民勤绿洲农户生计脆弱性与适应模式》，《经济地理》2019 年第 12 期。

吴蒙等：《基于生态系统服务的快速城市化地区空间冲突测度及时空演变特征》，《中国人口·资源与环境》2021 年第 5 期。

吴学泽等：《皖江城市带经济差异与其自然地理成因分析》，《国土与自然资源研究》2008 年第 4 期。

习近平：《高举中国特色社会主义伟大旗帜　为全面建设社会主义现代化国家而团结奋斗》，人民出版社 2022 年版。

习近平：《携手构建合作共赢、公平合理的气候变化治理机制》，《人民日报》2015 年 12 月 1 日第 2 版。

习近平：《扎实推动共同富裕》，《实践》（思想理论版）2021 年第 11 期。

夏英、王海英：《实施〈乡村振兴促进法〉：开辟共同富裕的发展之路》，《农业经济问题》2018 年第 11 期。

向宝惠、曾瑜皙：《三江源国家公园体制试点区生态旅游系统构建与运行机制探讨》，《资源科学》2017 年第 1 期。

肖晶波、张明雯：《维尔纳茨基及其智慧圈》，《哈尔滨师范大学》（自然科学学报）2006 年第 4 期。

谢高地等：《青藏高原生态资产的价值评估》，《自然资源学报》2003 年第 2 期。

谢华育、孙小雁：《共同富裕、相对贫困攻坚与国家治理现代化》，《上海经济研究》2021 年第 11 期。

谢来位：《惠农政策执行效力提升的阻滞因素及对策研究——以国家城乡统筹综合配套改革试验区为例》，《农村经济》2010 年第 3 期。

信长星：《坚定不移沿着习近平总书记指引的方向前进　奋力谱写全面建设社会主义现代化国家的青海篇章》，《青海日报》2022 年 6 月 6 日第 1 版。

许泽东、柳福祥：《灰色 GM（1，1）模型优化研究进展综述》，《计算机科学》2016 年第 S2 期。

严国泰、沈豪：《中国国家公园系列规划体系研究》，《中国园林》

2015 年第 2 期。

颜小平等:《基于 RUSLE 模型的承德市土壤侵蚀敏感性及其对土地利用变化响应研究》,《水利水电技术》(中英文) 2021 年第 12 期。

杨士弘:《广州城市环境与经济协调发展预测及调控研究》,《地理科学》1994 年第 2 期。

杨永芳等:《土地利用冲突权衡的理论与方法》,《地域研究与开发》2012 年第 5 期。

伊俊兰等:《1961—2019 年青海省气候生产潜力时空演变特征》,《江苏农业科学》2021 年第 20 期。

尹珂等:《田园综合体建设对农户生计恢复力的影响研究——以重庆市国家级田园综合体试点忠县新立镇为例》,《地域研究与开发》2021 年第 40 期。

于成文:《坚持“质”“量”协调发展扎实推动共同富裕》,《探索》2021 年第 6 期。

余青、韩淼:《美国国家公园路百年发展历程及借鉴》,《自然资源学报》2019 年第 9 期。

袁纯清:《共生理论——兼论小型经济》,经济科学出版社 1998 年版。

袁梁等:《生态补偿、生计资本对居民可持续生计影响研究——以陕西省国家重点生态功能区为例》,《经济地理》2017 年第 10 期。

曾国军等:《从在地化、去地化到再地化:中国城镇化进程中的人地关系转型》,《地理科学进展》2021 年第 1 期。

曾蕾、杨效忠:《地理学视角下空间冲突研究述评》,《云南地理环境研究》2015 年第 4 期。

张承等:《我国多维相对贫困的识别及其驱动效应研究》,《经济问题探索》2021 年第 11 期。

张定源等:《空间冲突理论分析与实证研究》,《华东地质》2022 年第 1 期。

张海霞、张旭亮:《自然遗产地国家公园模式发展的影响因素与空间扩散》,《自然资源学报》2012 年第 4 期。

张海霞、钟林生:《国家公园管理机构建设的制度逻辑与模式选择研究》，《资源科学》2017 年第 1 期。

张军以等：《环境移民可持续生计研究进展》，《生态环境学报》2015 年第 6 期。

张峻豪、何家军：《能力再造：可持续生计的能力范式及其理论建构》，《湖北社会科学》2014 年第 9 期。

张来明、李建伟：《促进共同富裕的内涵、战略目标与政策措施》，《改革》2021 年第 9 期。

张丽荣等：《生态保护地空间重叠与发展冲突问题研究》，《生态学报》2019 年第 4 期。

张林、邹迎香：《中国农村相对贫困及其治理问题研究进展》，《华南农业大学学报》（社会科学版）2021 年第 6 期。

张庆阳：《国际社会应对气候变化发展动向综述》，《中外能源》2015 年第 8 期。

张荣天、焦华富：《泛长江三角洲地区经济发展与生态环境耦合协调关系分析》，《长江流域资源与环境》2015 年第 5 期。

张宪洲：《我国自然植被净第一性生产力的估算与分布》，《自然资源》1993 年第 1 期。

张骁鸣、翁佳茗：《从“地方感”到“人地相处”——以广州天河体育中心公共休闲空间中的人地关系为例》，《地理研究》2019 年第 7 期。

张雪飞等：《国土空间规划中生态空间和生态保护红线的划定》，《地理研究》2019 年第 10 期。

张耀军、任正委：《基于地理加权回归的山区人口分布影响因素实证研究——以贵州省毕节地区为例》，《人口研究》2012 年第 4 期。

赵建吉等：《黄河流域新型城镇化与生态环境耦合的时空格局及影响因素》，《资源科学》2020 年第 1 期。

赵金洁：《银行产业组织安全问题研究》，博士学位论文，北京交通大学，2018 年。

赵晓娜等：《三江源国家公园人兽冲突现状与牧民态度认知研究》，《干旱区资源与环境》2022 年第 4 期。

赵旭等：《基于 CLUE-S 模型的县域生产—生活—生态空间冲突动

态模拟及特征分析》,《生态学报》2019 年第 16 期。

郑度:《21 世纪人地关系研究前瞻》,《地理研究》2002 年第 1 期。

郑度:《中国 21 世纪议程与地理学》,《地理学报》1994 年第 6 期。

中共青海省委印发:《关于加快把青藏高原打造成为全国乃至国际生态文明高地的行动方案》,《青海日报》2021 年 8 月 30 日第 1 版。

中共中央办公厅、国务院办公厅:《建立国家公园体制总体方案》,《生物多样性》2017 年第 10 期。

周国华、彭佳捷:《空间冲突的演变特征及影响效应——以长株潭城市群为例》,《地理科学进展》2012 年第 6 期。

周扬等:《中国县域贫困综合测度及 2020 年后减贫瞄准》,《地理学报》2018 年第 8 期。

朱楚馨等:《基于 RUSLE 模型的中国生产建设工程扰动区潜在侵蚀时空分异规律研究》,《中国土地科学》2021 年第 9 期。

朱晓萌:《基于 CLUE-S 模型的哈尔滨市生态用地格局时空演变与情景模拟研究》,硕士学位论文,东北师范大学,2019 年。

庄国栋:《国际旅游城市品牌竞争力研究》,博士学位论文,北京交通大学,2018 年。

左伟等:《人地关系系统及其调控》,《人文地理》2001 年第 1 期。

AENPA, *Climate Change Mitigation and Adaptation in National Parks*, 2020, London: Association English - National - Park - Authorities, 2020, pp. 12-18.

Anastasopoulos, et al., "The Evolutionary Dynamics of Audit", *European Journal of Operational Research*, Vol. 216, No. 2, 2012, pp. 469-476.

Barari S., et al., "A Decision Frame Work for the Analysis of Green Supply Chain Contracts: An Evolutionary Game Approach", *Expert Systems with Applications*, No. 3, 2012, pp. 9-13.

Baron J. S., et al., "Options for National Parks and Reserves for Adapting to Climate Change", *Environmental Management*, Vol. 44, No. 6, 2009, pp. 1033-1042.

Benayas J. M. R., et al., "Enhancement of Biodiversity and Ecosystem Services by Ecological Restoration: A Meta - analysis", *Science*,

Vol. 325, No. 5944, 2009, pp. 1121-1124.

Bennett R. J., Chorley R. J., *Environmental Systems: Philosophy, Analysis and Control*, New Jersey: Princeton University Press, 2015, pp. 25-46.

Bragagnolo C., et al., "Understanding Non-Compliance: Local People's Perceptions of Natural Resource Exploitation Inside Two National Parks in Northeast Brazil", *Journal for Nature Conservation*, Vol. 40, 2017, pp. 64-76.

Chambers R., Conway G., *Sustainable Rural Livelihoods: Practical Concepts for the 21st Century*, London: Institute of Development Studies (UK), 1992, p. 105.

Charles D. K.:《环境经济学（第二版）》，中国人民大学出版社2016年版。

Christie J. E., *Adapting to a Changing Climate: A Proposed Framework for the Conservation of Terrestrial Native Biodiversity in New Zealand*, 2014, Wellington: Department of Conservation, 2014, pp. 23-27.

Commission European, *Guidelines on Climate Change and Natura 2000*, Brussels: European Union, 2013.

Costanza R., et al., "The Value of the World's Ecosystem Services and Natural Capital", *Nature*, Vol. 387, No. 6630, 1997, pp. 253-260.

Deng Ju-long, "Control Problem of Grey System", *System & Control Letter*, Vol. 1, No. 5, 1982, pp. 288-294.

Douglas A. E., *The Symbiotic Habit*, New Jersey: Princeton University Press, 2010, pp. 5-12.

Dube K., Nhamo G., "Evidence and Impact of Climate Change on South African National Parks. Potential Implications for Tourism in the Kruger National Park", *Environmental Development*, Vol. 33, 2020, p. 100485.

Engel S., et al., "Designing Payments for Environmental Services in Theory and Practice: An Overview of the Lssues", *Ecological Economics*, Vol. 65, No. 4, 2008, pp. 663-674.

Farrington J., et al., *Sustainable Livelihhods in Practice: Early Applications of Concepts in Rural Areas*, London: ODI, 1999.

Gao C., et al., "The Classification and Assessment of Vulnerability of man-land System of Oasis City in Arid Area", *Frontiers of Earth Science*, Vol. 7, No. 4, 2013, pp. 406-416.

Geldmann J., et al., "Effectiveness of Terrestrial Protected Areas in Reducing Habitat Loss and Population Declines", *Biological Conservation*, Vol. 161, No. 3, 2013, pp. 230-239.

Gu X., et al., "Factors Influencing Residents' Access to and Use of Country Parks in Shanghai, China", *Cities*, Vol. 97, 2020, p. 102501.

Guo Shihong, "Environmental Options of Local Governments for Regional Air Pollution Joint Control: Application of Evolutionary Game Theory", *Economic and Political Studies*, Vol. 4, No. 3, 2016, pp. 238-257.

Hahn M. B., et al., "The Livelihood Vulnerability Index: A Pragmatic Approach to Assessing Risks from Climate Variability and Change—A Case Study in Mozambique", *Global Environmental Change*, Vol. 19, No. 1, 2009, pp. 74-88.

IPCC, *Climate Change* 2021: *The Physical Science Basis*, the Sixth Assessment Report of the Intergovernmental Panel on Climate Change, August, 9, 2021.

Keith D., "Tourism in National Parks and Protected Areas: Planning and Management", *Tourism Management*, Vol. 25, No. 2, 2004, pp. 288-289.

Khatiwada L. K., "A Spatial Approach in Locating and Explaining Conflict Hot Spots in Nepal", *Eurasian Geography and Economics*, Vol. 55, No. 2, 2014, pp. 201-217.

Liu Q., et al., "Ecological Restoration is the Dominant Driver of the Recent Reversal of Desertification in the Mu Us Desert (China)", *Journal of Cleaner Production*, Vol. 268, 2020, p. 122241.

Manning R. E., et al., *Managing Outdoor Recreation: Case Studies in the National Parks*, London: CABI, 2017.

Melillo J. M., et al., "Protected Areas' Role in Climate-change Mitigation", *Ambio*, Vol. 45, No. 2, 2016, pp. 133-145.

Nabokov P., Loendorf L., *Restoring a Presence: American Indians and Yellowstone National Park*, Norman: University of Oklahoma Press, 2016, p. 89, 113.

National Park Service US, *National Park Service Climate Change Response Strategy*, 2018, Washington, D. C.: U. S. of Development of Interior, 2018, pp. 22-30.

National Park Service US, *National Climate Change Interpretation and Education Strategy*, 2020, Washington, D. C.: U. S. of Development of Interior, 2020, p. 10.

Paracer S., Ahmadjian V., *Symbiosis: An Introduction to Biological Associations*, Oxford: Oxford University Press, 2000, p. 12.

Roberts C. A., et al., "Modeling Complex Human-environment Interactions: The Grand Ganyon River Trip Simulator", *Ecological Modelling*, Vol. 153, No. 1, 2002, pp. 181-196.

Rowntree S., *Poverty: A Study of Town Life*, London: Macmillan, 1901, p. 23.

Sax J. L., *Mountains without Handrails: Reflections on the National Parks*, Ann Arbor: University of Michigan Press, 2018, pp. 35-37, 127.

Scheffers B. R., et al., "The Broad Footprint of Climate Change From Genes to Biomes to People", *Science*, Vol. 354, No. 6313, 2016, p. aaf 7671.

Schultz T. W., *Transforming Traditional Agriculture*, London: Yale University Press, 1964, p. 35.

Scoones I., *Sustainable Rural Livelihoods: A Framework for Analysis*, Brighton: IDS, 1998.

Sen, A., *Development as Freedom*, Oxford: Oxford University Press, 1999, p. 71.

Sen, A., "Poverty: An Ordinal Approach to Measurement", *Econometrica: Journal of the Econometric Society*, Vol . 44, No. 2, 1976, pp. 219-

231.

Shafer C. L. , "From Non-static Vignettes to Unprecedented Change: The US National Park System, Climate Impacts and Animal Dispersal", *Environmental Science & Policy*, Vol. 40, 2014, pp. 26-35.

Siegel S. , "Nonparametric Statistics for the Behavioral Sciences", *Social Service Review*, Vol. 312, No. 1, 1956, pp. 99-100.

Singh P. K. , Hiremath B. N. , "Sustainable Livelihood Security Index in a Developing Country: A tool for Development Planning", *Ecological Indicators*, Vol. 10, No. 2, 2010, pp. 442-451.

Smith D. R. , et al. , " Livelihood Diversification in Uganda: Patterns and Determinants of Change across Two Rural Districts", *Food Policy*, Vol. 26, No. 4, 2001, pp. 421-435.

Smith J. M. , Price G. R. , "The Logic of Animal Conflict", *Nature*, Vol. 246, No. 5427, 1973, pp. 15-18.

Soini E. , "Land Use Change Patterns and Livelihood Dynamics on the Slopes of Mt. Kilimanjaro, Tanzania", *Agricultural Systems*, Vol. 85, No. 3, 2005, pp. 306-323.

Subakanya M. , et al. , "Land Use Planning and Wildlife-Inflicted Crop Damage in Zambia", *Environments*, Vol. 5, No. 10, 2018, p. 110.

Taylor P. D. , Jonker L. B. , "Evolutionary Stable Strategies and Game Dynamics", *Mathematical Biosciences*, Vol. 40, No. 1-2, 1978, pp. 145-156.

Van Den Berg M. , "Femininity as a City Marketing Strategy Gender Bending Rotterdam", *Urban Studies*, Vol. 49, No. 1, 2012, pp. 153-168.

Wang Y. , et al. , " Effects of Payment for Ecosystem Services and Agricultural Subsidy Programs on Rural Household Land use Decisions in China: Synergy or Trade-off?", *Land Use Policy*, Vol. 81, 2019, pp. 785-801.

后　记

“让绿水青山永远成为青海的优势和骄傲”是“十四五”时期青海的光荣使命，也是青海经济社会发展的永恒主题。唱响“绿色发展”主旋律，打好“生态保护”这张牌，国家公园是重要载体，人地共生是核心和关键。

人地共生是人与自然的和谐相处、共生共荣、互融共赢。人的发展离不开良好生态，良好生态离不开人类保护。对青海而言，生态保护、环境友好是“国之大者”，牧民增收、共同富裕是民生大计，二者协同是青海省社会主义现代化建设的重要任务。人地共生的核心问题就是实现生态保护与牧民增收的协调共促，环境友好和共同富裕的同行共进。

2016 年 3 月，三江源国家公园体制试点正式启动；2021 年 9 月，三江源国家公园正式成立。三江源国家公园“向着国家所有、保护第一、全民共享、世代传承的国家公园典范目标扎实迈进，初步探索出了一条具有中国特色的国家公园建设新路子”（吴晓军，2022）。目前，祁连山国家公园、青海湖国家公园已获批试点，昆仑山国家公园前期工作正在扎实推进，青海成为全国唯一的三个国家公园在建省，正以国家公园群建设为目标，全力推进国家公园示范省建设，努力在打造以国家公园为主体的自然保护地体系上走在前列。在三江源国家公园内，虽然取得了令人瞩目的巨大成就，探索形成了“政治引领、统一管理、源头治理、系统保护、共建共享”的三江源经验，但生态保护与牧民增收的冲突仍然存在，保护与发展矛盾依然明显，社区协同发展仍显不足，推进人地共生，实现人与自然和谐相处，仍然任重道远。

本书以应对气候变化为背景，以人地关系为视角，通过构建评价指标体系，评价三江源国家公园生态保护和牧民增收现状，分析人地关系空间冲突状况，探讨人地关系空间冲突作用机理，阐述相关主体博弈行为策略，优化土地利用和空间格局，提出了相关对策建议。本书试图通过诊断三江源国家公园“人”“地”冲突问题，识别影响因素，探析内在规律，构建人地共生协调机制，为国家公园解决人地冲突、平衡人地关系、实现人地共生提供实现路径。

“青海最大的价值在生态、最大的责任在生态、最大的潜力也在生态”。青海全面贯彻习近平生态文明思想和党的二十大精神，全力推动绿色发展，促进人与自然和谐共生，建设青藏高原生态文明高地，努力在打造以国家公园为主体的自然保护地体系上走在前列。衷心希望青海在统筹保护与发展、实现人地共生方面蹚出更多新路，推出更多经验，为高质量、高水平建设国家公园提供更多有益借鉴。

感谢国家自然科学基金项目（42061033）对本书的资助，感谢中国生态经济学学会理事长、中国社会科学院农村发展研究所原所长李周先生百忙之中为本书作序。

感谢青海民族大学党委宣传部、科研管理处、经济与管理学院、双碳研究院的大力支持，感谢中国社会科学出版社的大力支持，感谢各位编辑的辛勤付出！

胡西武

2022 年 9 月 29 日